GAN
對抗式生成網路

Jakub Langr · Vladimir Bok 著　哈雷 譯

施威銘研究室 監修

感謝您購買旗標書,
記得到旗標網站
www.flag.com.tw
更多的加值內容等著您…

● FB 官方粉絲專頁:旗標知識講堂

● 旗標「線上購買」專區:您不用出門就可選購旗標書!

● 如您對本書內容有不明瞭或建議改進之處,請連上
   旗標網站,點選首頁的 聯絡我們 專區。

   若需線上即時詢問問題,可點選旗標官方粉絲專頁
   留言詢問,小編客服隨時待命,盡速回覆。

   若是寄信聯絡旗標客服 email,我們收到您的訊息
   後,將由專業客服人員為您解答。

   我們所提供的售後服務範圍僅限於書籍本身或內
   容表達不清楚的地方,至於軟硬體的問題,請直接
   連絡廠商。

學生團體   訂購專線:(02)2396-3257 轉 362
           傳真專線:(02)2321-2545

經銷商   服務專線:(02)2396-3257 轉 331
           將派專人拜訪
           傳真專線:(02)2321-2545

國家圖書館出版品預行編目資料

GAN 對抗式生成網路 / Jakub Langr、
Vladimir Bok 作;哈雷 譯, --初版. --
臺北市:旗標, 2020. 09   面; 公分

譯自:GANs in action:deep learning with generative
adversarial networks.

ISBN 978-986-312-638-6 (平裝)

1. 人工智慧 2. 機器學習 3. 技術發展 4. 電腦網路

312.831   109009638

作   者/Jakub Langr、Vladimir Bok
翻譯著作人/旗標科技股份有限公司
發 行 所/旗標科技股份有限公司
         台北市杭州南路一段15-1號19樓
電   話/(02)2396-3257(代表號)
傳   真/(02)2321-2545
劃撥帳號/1332727-9
帳   戶/旗標科技股份有限公司
監   督/陳彥發
執行企劃/陳彥發
執行編輯/留學成
美術編輯/林美麗
封面設計/薛詩盈
校   對/哈雷、張根誠、汪紹軒
         孫立德、留學成

新台幣售價: 750 元
西元 2024 年 2 月 初版 5 刷
行政院新聞局核准登記-局版台業字第 4512 號
ISBN 978-986-312-638-6
版權所有‧翻印必究

本書的線上專頁

　　本書線上專頁中包含了**範例程式**的下載連結、**書中彩圖**的線上瀏覽網址、Colab 中常用的**程式碼**片斷、以及其他相關資訊。未來若有更新或更正訊息，也都會公佈在專頁裡。專頁的網址如下：

http://www.flag.com.tw/bk/t/f0382

- 有關範例程式的下載及使用方式，請參考第 19 頁**關於程式碼**單元。

- 本書中所有的彩圖都放在網頁中，以方便讀者觀看。請由上列專頁中的連結前往瀏覽。

簡要目錄

目 錄

第 一 篇 GAN 與生成模型入門

第 1 章 GAN (對抗式生成網路) 簡介

5

第 4 章　深度卷積 GAN (DCGAN)

第二篇　GAN 的進階課題

第 5 章　訓練 GAN 時所面臨的挑戰與解決之道

第 6 章　漸進式 GAN (PGGAN)

第 7 章　半監督式 GAN (SGAN)

第 8 章　條件式 GAN (CGAN)

第 9 章　CycleGAN

第三篇 GAN 的實際應用及未來方向

第 10 章 對抗性樣本 (Adversarial example)

第 11 章 GAN 的實際應用

第 12 章　展望未來

序

Jakub Langr

當我在 2015 年進入 GAN 的世界後，就徹底愛上它了。GAN 是我之前在機器學習領域中一直尋找的「**自我批判式**」機器學習，意思是當我們要解決問題時，如果只是不斷重複「提出可能方案，然後批評方案不夠完善並要求改善」，那根本無濟於事；但 GAN 這樣做就非常合理──要讓人工智慧升級，最好的方法就是讓機器能夠自我學習，也就是讓機器將學習到的知識不斷自我評鑑並反饋，因而讓機器變得越來越聰明。畢竟資料取得不容易，而運算能力卻是越來越便宜。

另一個讓我愛上 GAN 的原因，是它**驚人的成長曲線**──儘管這是後來才知道的事。GAN 在機器學習方面其實相當「資淺」，電腦視覺理論在 1998 年就發展得很完備了，但 2014 年才出現的 GAN，到我撰寫本文時，都還呈指數型的成長。GAN 到目前為止已經取得不少卓越的成果，其中包括了貓咪圖片產生器（cat meme vectors）。GAN 的首篇研究論文，被引用次數是 TensorFlow 原始論文的 2.5 倍；在麥肯錫公司（McKinsey & Company）等主流媒體上，GAN 的相關討論也頻繁出現。換句話說，GAN 的影響力早就**超越了技術領域**。

真的很興奮、也很榮幸能與你分享這個有趣又充滿無限可能的新世界。本書花了快兩年才寫成，希望它同樣能讓你熱血沸騰，並期待未來您能為 GAN 創造出更多的傳奇，我們拭目以待。

Vladimir Bok

科幻小說作家亞瑟・克拉克（Arthur C. Clarke）曾說：「**科技進步到一定程度後，就跟魔法沒兩樣。**」我早年受這句話的啟發，便致力於發掘電腦科學中的不可能。但經過多年機器學習方面的工作與研究後，我發現已經對「機器智慧的創新能力」見怪不怪了。2011 年，IBM 的超級電腦「華生」在益智節目《Jeopardy》中擊敗了其他人類高手，當時我欽佩不已；然而在五年後，看到 Google 的 AlphaGo 在圍棋上技壓群雄時（在困難度上，這可是更驚人的成就），我幾乎無動於衷。這點成就也值得大驚小怪——因為我早就料到了，魔法解除。

然後，GAN 出現了⋯

我第一次接觸 GAN，是在微軟研究院（Microsoft Research）中的一項研究專案。那是在 2017 年，因為聽膩了《Despacito》，我跟同事便試著用生成模型來產生音樂的頻譜圖（聲音資料的視覺化編碼）。跟其他技術相比，GAN 在合成資料方面大幅勝出。其他演算法生成的頻譜圖，只比白噪音好一點點；而 GAN 生成的頻譜圖，對我們的耳朵來說，是貨真價實的音樂。看到機器在目標明確的領域（如《Jeopardy》和圍棋）中勝出是一回事；但親眼目睹**演算法能獨立創造出新穎又逼真的作品，又是另一回事！**

希望你可以藉由本書感受到我對 GAN 的無限熱情，並重新發現人工智慧的魔法與魅力。Jakub 和我致力於推廣這個尖端科技，希望你會覺得本書的內容既豐富又有趣（但請稍微忍耐一下書中不時出現的冷笑話）。

誌謝

若沒有 Manning Publications 編輯團隊的支持和幫助，本書將無法完成。感謝 Christina Taylor 的辛勞與貢獻，很難找到比她更優秀的編輯了。我們也有幸能與 John Hyaduck 和 Kostas Passadis 合作，他們提供了許多寶貴的意見使本書盡善盡美。

我們還要感謝 Manning 的工作人員，包括 Brian Sawyer、Christopher Kaufmann、Aleksandar Dragosavljevic′、Rebecca Rinehart、Melissa Ice、Candace Gillhoolley 等，有他們在 MEAP（ 編註： 這是 Manning 的線上電子書預讀系統，詳見 https://www.manning.com/meap-program）、行銷等方面的努力，本書才能順利出版。

最後，我們感謝本書初稿的所有讀者，他們對內容提供了相當寶貴的回饋。

Jakub Langr

本書若有所成，最衷心感激的是以前在 Pearson 的夥伴—— Andy、Kostas、Andreas、Dario、Marek、與 Hubert，他們直至今日都是我的良師益友。我第一次的資料科學實習機會，就是他們在 2013 年幫我安排的，這徹底改變了我的生活和職業生涯。

我無法用言語表達對 Entrepreneur First 全體傑出同仁的感激，尤其是 Pavan Kumar 博士，他是個很好的朋友、室友兼同事。

我還要感謝 Filtered.com、牛津大學、ICP、Mudano 研發團隊的朋友和同事們，他們都是很棒的人。

最後要感謝許多對我有正面影響的人，無奈篇幅有限，無法一一列舉。所以，感謝所有在我處境艱難時，對我不離不棄的親友，謝謝你們。

若本書一無是處，我就把它獻給 Carminia 路上的狐狸們，原因很簡單：第一，誰叫它們老愛在凌晨兩點鬼叫？第二，誰在乎狐狸怎麼說？

Vladimir Bok

感謝 James McCaffrey、Roland Fernandez、Sayan Pathak、以及其他 Microsoft Research AI-611 的工作人員，讓我有機會能優先接受機器學習和人工智慧大師們的教學與指導。還要感謝與我並肩作戰的 AI-611 同仁：Balbekov 與 Rishav Mukherji，以及我們的指導顧問 Nebojsa Jojic 與 Po-Sen Huang。

再來我要感謝我的大學指導教授 Krzysztof Gajos，他允許我在尚未完成必修課程的情況下，參加他的研究生研討會；這個機會相當珍貴，也是我首次實際參與計算機科學的研究工作。

我要特別感謝 Intent 同仁的支持和鼓勵，並容忍我在深夜才回覆 mail ——因為我大都在晚上寫作或研究。

最後，由衷感謝 Kimberly Pope 在多年前對一個捷克高中生能力的肯定，並提供獎學金，因此改變了我的人生。這份恩情永生難以回報。

最後，感謝所有支持我的親朋好友們，我永銘於心。

關於本書

本書目標是針對想從基礎開始學習 GAN（Generative Adversarial Network，對抗式生成網路）的人，提供最可靠的原理教學與實戰指南。我們將從最簡單的範例開始上手，然後介紹各種先進的 GAN 技術並用程式實作。我們會提供最直觀的解說，讓讀者只需要具備基礎的 Python、深度學習、與數學相關知識，就能直接探索這項如魔法般的尖端科技。

我們希望讀者不但能了解 GAN 到目前為止所取得的成就，還能獲得必要的知識與工具來充實自己，以便進一步展開新的應用。對於充滿企圖心的人來說，GAN 可是具有無窮的潛力，一旦上手，在學術界或生活應用上必能大放異彩。很高興您能加入我們的行列。

適合閱讀本書的讀者

本書適合已有機器學習與神經網路經驗的人，下面列出了建議具備的知識。雖然我們會盡可能解釋大部份的知識，但您最好能對這些知識掌握個七成（**編註：** 小編會在較難的地方盡量加上註解與補充，因此讀者若只有掌握五成或更少，只要稍微努力一下應該也是 OK 的）：

● 希望你至少有中等 Python 程度；不需要到大師級，但至少要有兩年 Python 經驗（如果是全職資料科學家或軟體工程師會更好）。

● 了解物件導向程式設計，包括如何使用物件，並清楚屬性與方法的設計、使用技巧。

● 有機器學習的基礎知識，包括訓練 / 測試集劃分、過度配適、權重和超參數，以及監督式、非監督式和強化學習的基礎知識。除此之外，你還應該熟悉準確率和均方誤差等指標。

● 有統計學和微積分基礎，包括機率、密度函數、機率分佈、微分和簡易優化的知識。

● 你應該要懂包括矩陣和多維空間等的基礎線性代數知識，能懂主成份分析（PCA）更好。

● 你應該要有一點深度學習方面的知識，包括前饋網絡、權重和偏值、激活函數、常規化、隨機梯度下降和反向傳播等。

● 你還應該對 Python 的機器學習函式庫 Keras 有基本認識，或者願意先自學一下。

　　我們並非在嚇人，只是想確保你能從本書中得到最大收獲。當然如果你無論如何都想試試看也可以，但懂的越少，就得越常上網找答案。總之，只要以上這些對你來說並不可怕，那麼你就是本書的適合讀者，相信也一定能夠順利學會。

關於程式碼

　　本書有相當多的範例程式，有的是單獨列表顯示並附有對應的程式編號，有的則是夾帶在正文中，因此沒有程式編號。

　　大部分的程式碼都已重新排版，並增加了一些空行和縮排，以便妥善利用書中頁面的可用空間。此外，若內文已對程式碼做了說明，程式列表內就不會保留太多註解，會特別保留的註解都是有助於強調重要概念的。

　　本書的所有範例程式都可從 Manning 官方網頁（www.manning.com/books/gans-in-action）或本書 GitHub 空間（https://github.com/GANs-in-Action/gans-in-action）下載。

為了做資料科學教育的表率，本書範例採用 **Jupyter 筆記本**格式。因此，會使用 Jupyter 也是閱讀本書的必備條件，不過這對中級的 Python 使用者來說應該是小菜一碟。我們很清楚跑程式時常會遇到的問題：不是 GPU 鬧脾氣，就是其中一兩樣東西無法正常運作，這些問題在 Windows 上更常見。因此在其中幾章，我們也使用 Google Colaboratory notebooks（簡稱 **Colab**，這是 Google 提供的免費平台，網址為 https://colab.research.google.com）；上面已經預先準備好所有必備的資料科學套件，以及限時免費使用的 GPU，因此你可以直接用瀏覽器執行本書所有的範例！至於其他章節的 Jupyter 筆記本也可上傳到 Colab 執行，檔案格式完全相容。

◆ 小編補充 小編**強力推薦**使用 Colab 來執行本書的範例，以避免因各種程式與套件安裝、版本不相容等問題而造成困擾或浪費時間。Colab 的操作都很視覺化，而且也可以直接開啟本書在 Github 上的範例筆記本，方法如下：

1 在 Colab 中執行『**檔案 / 開啟筆記本**』　　　　　　　　　**2** 切到此頁次

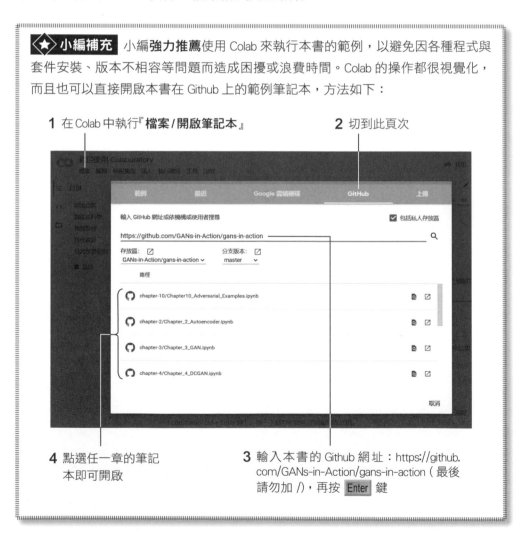

4 點選任一章的筆記本即可開啟　　　　　**3** 輸入本書的 Github 網址：https://github.com/GANs-in-Action/gans-in-action（最後請勿加 /），再按 `Enter` 鍵

註： 在執行程式前，記得執行『**執行階段（Runtime）/ 變更執行階段類型（Change runtime type）**』，然後在**硬體加速器（Hardware accelerator）**欄選擇 **GPU**。

註： 據筆者測試，我們通常可以同時跑 2~3 個有使用到 GPU 的 Python 程式。另外，若閒置太久，或連續用太久（約 12 小時）會被斷線，必須等待一段時間後才能再次使用（有關 Colab 的使用限制可用 Google 搜尋 "Colab faq usage limit"）。

另外如前文所說的，本書有幾章範例已做成 Colab 筆記本檔，以方便讀者直接使用。這些筆記本可在本書的 Github 中直接開啟：

1 連到本書 Github 網址：https://github.com/GANs-in-Action/gans-in-action

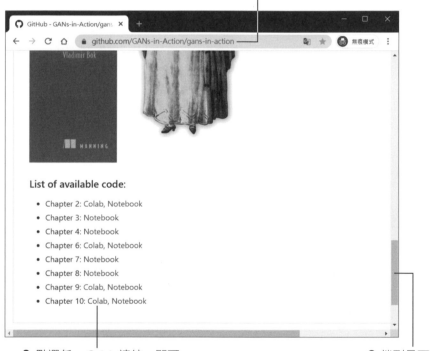

3 點選任一 Colab 連結，即可　　　　　　　　　　　　　　　　**2** 捲到最下面
　在 Colab 中開啟該章筆記本

最後，小編已將一些 Colab 中常用的程式碼片斷，例如查看 Keras、Tensorflow、Python 的版本、關閉 Eager Excution、切換到 Tensorflow 1.x 版、降 Keras 或 Tensorflow 到指定的版本等，都已放到網頁中以方便讀者複製使用，詳情請見本書最前面的線上專頁說明。

其他線上資源

GAN 是很熱門的領域，用 Google 就能搜尋到許多優秀的資源。想鑽研學術的朋友，則可到 arXiv（https://arxiv.org，這是康乃爾大學擁有並經營的學術論文電子版線上儲存庫）上閱讀最新的研究論文。希望本書能提供你一切所需，以隨時掌握這個瞬息萬變領域的最新發展。

Jakub 和 Vladimir 都是 **Medium** 網站上相當活躍的作者，尤其是在以科技為主的 Towards Data Science 與 Hacker Noon 上發表了不少內容，你可以在那找到他們發表的最新文章。

本書的內容編排與規劃

本書為了在理論與實作之間取得平衡，將內容分為 3 個部分：

▌第 1 篇 GAN 與生成模型入門

本篇會介紹**生成學習**與 GAN 的基本概念，並實作幾個經典的 GAN 模型。

● **第 1 章 GAN（對抗式生成網路）簡介**：本章會介紹 GAN，並詳細說明其基本原理，讀過本章就會了解 GAN 是如何藉由兩個獨立的神經網路（**生成器**與**鑑別器**）的動態競爭互相訓練。本書後續章節的內容都是以本章為基礎。

- **第 2 章 用 Autoencoder（AE）做為生成模型**：本章會介紹 AutoEncoder（簡稱 AE，中譯為自編碼器），我們之所以決定加入這章，是因為 AE 及 GAN 都屬於**生成學習**的範疇，而 AE 在很多方面都被視為 GAN 的雛型，所以從 AE 出發將有利於讀者在更廣義的背景下理解 GAN。本章也會實作一個 VAE（變分自編碼器）範例程式來生成手寫數字；我們將在後面幾章的 GAN 範例中用不同模型來進行同樣的任務。若你已熟悉 **AE**，或只想直攻 GAN 的部份，那麼也可以跳過本章。

- **第 3 章 你的第一個 GAN：生成手寫數字**：本章不但會進一步說明 GAN 和**對抗性學習**背後的理論，還會探討 GAN 與傳統神經網路之間的差異：關鍵就在損失函數與訓練過程。在本章最後的範例程式中，我們將學以致用，親手用 Keras 實作出一個 GAN，並訓練它生成手寫數字。

- **第 4 章 深度卷積 GAN（DCGAN）**：本章會先介紹**卷積神經網路**和**批次正規化**，然後實際建構一個深度卷積 GAN。這是一種先進的 GAN 架構：生成器與鑑別器均採用卷積神經網路架構，並利用批次正規化來穩定訓練過程。

▌第 2 篇 GAN 的進階課題

我們會以上一篇的內容為基礎，深入探討 GAN 背後的理論，並實作一系列進階的 GAN 架構：

- **第 5 章 訓練 GAN 時所面臨的挑戰與解決之道**：本章會從理論與實作的角度來探討訓練 GAN 時會遇到的眾多障礙，並教你如何一一克服。我們會以相關的學術論文為基礎，提供一個全面的總覽，讓你能擬定訓練 GAN 時的最佳策略。我們也會介紹一些評估 GAN 效能的方法，並說明其重要性。

- **第 6 章 漸近式 GAN（PGGAN）**：本章將探索漸進式 GAN（Progressive GAN），這是一種訓練生成器和鑑別器的先進手法。PGGAN 可在訓練過程中**逐步擴充神經層**，以生成高品質與高解析度的圖片。我們會藉由範例程式搭配 TensorFlow Hub（TFHub），詳細解釋其原理和實作方式。

- **第 7 章 半監督式 GAN（SGAN）**：本章將繼續探討基於原始 GAN 模型的創新，你會見識到半監督式學習的威力：光靠一小部份有標記（附標籤）的訓練樣本，就能讓分類器的準確率明顯提升。我們也會實作半監督式 GAN，並解釋它如何**用少量標籤**就能將鑑別器訓練成強大的多元分類器。

- **第 8 章 條件式 GAN（CGAN）**：本章會介紹另一種利用標籤協助訓練的 GAN 架構：條件式 GAN。CGAN 可搭配標籤或其他**條件資訊**來訓練生成器與鑑別器，以解決生成模型的原生缺點——無法指定要合成出哪種類別的樣本。本章最後會實作一個 CGAN，可直接生成指定數字的手寫數字圖片。

- **第 9 章 CycleGAN**：本章會介紹一種超級有趣的 GAN 架構：CycleGAN（來回一致對抗網路）。這種**圖像轉譯**技術可把圖片從一種域轉換成另一種，例如把照片中的馬變成斑馬。我們會大略介紹 CycleGAN 的架構，解釋其主要構造和進化版本，最後用程式實作 CycleGAN，把蘋果變成柳丁，然後再變回來。

▌第 3 篇 GAN 的實際應用及未來方向

這裡會告訴你如何應用 GAN 和對抗性學習的知識，以及可以以將之應用在何處。

- **第 10 章 對抗性樣本（Adversarial example）**：對抗性樣本是一種**蓄意欺騙機器學習模型**、讓模型發生誤判的樣本，本章會實際來看看它們長得什麼樣子。我們會藉由理論與實際範例來討論其效果，並探索它們與 GAN 的關聯。

● **第 11 章 GAN 的實際用途**：本章會介紹 GAN 的**實際應用案例**。我們將
探討如何運用前面章節中介紹的技術，來解決現實中醫學和時尚領域的問
題。在醫學方面，我們可利用 GAN 來充實樣本不足的資料集，進而提高
分類準確率；在時尚領域，我們將展示如何用 GAN 來開發個性化商品。

● **第 12 章 展望未來**：在這趟學習之旅的最後，我們會總結所有重點，並討
論 GAN 的**道德議題**，還會稍微提到一些**新興的 GAN 技術**，以供讀完本
書後想持續鑽研 GAN 的讀者們參考。

關於作者

Jakub Langr 畢業於牛津大學，是一間新創公司的聯合創始人，該公司使用 GAN 進行創意和廣告應用。Jakub 自 2013 年起就一直從事資料科學工作，最近則是在 Filtered.com 負責資料科學技術，並在 Mudano 從事資料科學研發工作。他還在伯明翰大學（英國）和眾多民營公司設計並教授資料科學課程，另兼任牛津大學客座講師。他也是《Entrepreneur First》第七屆深度技術人才投資者中的一位駐點創業者。Jakub 還是皇家統計學會的研究員，並受邀在各種國際會議上發表演說。他將本書的全部收益捐給英國非營利心臟基金會。

Vladimir Bok 以優異成績取得哈佛大學計算機科學學士學位。他是在微軟研究院從事音樂風格轉換的相關研究時，見證到 GAN 的巨大潛力。他的工作經驗豐富，從 Y Combinator 投資的新創公司應用資料科學部門，到微軟的領導跨職能計劃皆有涉入。Vladimir 最近在紐約的一家新創公司管理資料科學專案，該公司針對線上旅行與電子商務網站提供機器學習服務，其中不乏《財訊》所列的五百大企業。他將本書的所有收益捐給非營利組織《Girls Who Code》。

Part **1**

GAN 與
生成模型入門

我們在本篇（Part 1）中將帶領讀者進入**對抗式生成網路**（Generative Adversarial Network，**GAN**）的世界：

- 第 1 章會介紹 GAN 的基礎知識，以對其原理有直觀的了解。

- 在第 2 章，為了讓讀者對**生成模型**有更全面的認識，我們會先介紹 **autoencoder**（自動編碼器）。autoencoder 是 GAN 最重要的理論和實踐雛型之一，至今仍廣泛應用。

- 第 3 章會深入探討 GAN 和**對抗式學習**背後的理論。本章還會帶領讀者實作並訓練出第一個可以正常運作的 GAN。

- 第 4 章會繼續學習之路，探索**深度卷積** GAN（Deep Convolutional GAN，**DCGAN**）。這種 GAN 是將原始的 GAN 結合卷積神經網路，以改善生成圖片的品質。

chapter **1**

GAN（對抗式生成網路）簡介

 本 章 內 容

- GAN（對抗式生成網路）概述

- GAN 機器學習演算法的特點

- 本書收錄的一些 GAN 的強大應用

「機器能否思考」這個問題,比計算機本身還早出現。1950 年,著名的數學家、邏輯學家兼計算機科學家**艾倫‧圖靈**(Alan Turing,他最著名的成就,應該是破解納粹戰時的編碼機「Enigma」),發表了一篇讓自己名垂青史的論文《計算機與智慧》(Computing Machinery and Intelligence)。

圖靈在文中提出了一種測試,他把這種測試稱為「模仿遊戲」(**編註:** 這就是電影「模仿遊戲」片名的由來),也就是今日眾所周知的「**圖靈實驗**」。在這個假設情境中,房間門外有一個觀察者,分別跟門內的一人和一台計算機對話。依照圖靈推論,若觀察者無法辨別出對話者哪個是人、哪個是機器,該計算機即通過測試,並可視為有智能。

任何曾與聊天機器人或語音助手對話的人都知道,目前的電腦要通過這個看似簡單的測試,其實還有一段很長的路要走。然而在某些應用,電腦的表現不僅與人類旗鼓相當,甚至還更好,例如比人類還厲害的人臉辨識或圍棋比賽[註1]。

在多年前,若只要辨識現有資料中的 pattern,並將學習的成果應用在分類和迴歸(數值預測)等方面,用機器學習演算法效果會很好;但在生成新資料方面,電腦卻力有未逮。舉例來說,我們可以靠演算法來擊敗西洋棋高手、估計股票價格波動,或分辨信用卡交易的真偽;但在生成(generate)資料方面,就算是使用最先進的超級電腦,要重現人類最原始的能力,包括和人類交際對話或創造作品等,都是相當困難的事情。

註1:見 "Surpassing Human-Level Face Verification Performance on LFW with GaussianFace," by Chaochao Lu and Xiaoou Tang, 2014, https://arXiv.org/abs/1404.3840。另見 the New York Times article "Google's AlphaGo Defeats Chinese Go Master in Win for A.I.," by Paul Mozur, 2017, http://mng.bz/07WJ。

2014 年開始情勢驟變，還在蒙特利爾大學（University of Montreal）攻讀博士的 Ian Goodfellow 發明了**對抗式生成網路**（Generative Adversarial Network，**GAN**，或稱為**生成對抗網路**）。這種技術讓電腦**結合兩組不同的神經網路**來生成擬真資料，而不是只用一組。GAN 並非頭一個被用來生成資料的電腦程式，但它的傑出表現與多功能性令人刮目相看。單靠 GAN 系統就能解決以前幾乎辦不到的事，像是生成幾可亂真的假圖片、將隨意塗鴉轉換成擬真的影像、把在影片中奔跑的馬改成斑馬等等。這些都不需要使用大量精心標記過的訓練資料就可以輕易達成，由此可見 GAN 的威力有多強大。

GAN 能生成多驚人的資料，看看真實的樣本就知道了，例如圖 1.1 中的人像合成。2014 年 GAN 剛誕生時，機器頂多只能產生一張模糊的面孔，這在當時已被認為是突破性的成功了。到了 2017 年，電腦合成出的虛擬人像，已經和高解析度的真人照片無異，GAN 只花了三年就辦到了。在本書中，我們會深入研究這個將不可能化為可能的神奇演算法。

| 2014 | 2015 | 2016 | 2017 | 2018 |

圖 1.1：人像生成的進展。

編註：彩色圖片可連網到本書專頁觀看（詳見本書最前面的專頁說明）。

（來源："The Malicious Use of Artificial Intelligence: Forecasting, Prevention, and Mitigation," by Miles Brundage et al., 2018, https://arxiv.org/abs/1802.07228。

編註：最右邊 2018 年的圖片來源為 "A Style-Based Generator Architecture for Generative Adversarial Networks," by Tero Karras, Samuli Laine, Timo Aila, 2019, https://arxiv.org/abs/1812.04948。）

1.1 什麼是 GAN（Generative Adversarial Network）？

GAN（Generative Adversarial Network）是一門機器學習技術，由兩組訓練模型組成：一組被訓練生成假資料（**生成器**, generator），另一組則被訓練如何辨別資料真偽（**鑑別器**, discriminator）。

> **◆ 編註** 請注意，本書中提到的**模型**（model）和**神經網路**（neural network）是同義詞，都是指由神經層所組成的人工神經網路。

「**生成**」（generative）一詞指出了模型的終極目標：**生成新資料**。GAN能學會生成怎樣的資料，取決於採用的訓練集（training set）。例如，若想讓GAN合成出有達文西風格的影像，就得在訓練集裡加入大量達文西的真作品。

「**對抗**」（adversarial）一詞，是指 GAN 內部的生成器與鑑別器兩模型之間，會相互動態競爭。生成器的目標，是創造出與訓練集內的真資料非常相似（讓人信以為真）的假樣本。例如：**偽造**出神似達文西的畫作。而鑑別器的目標，是要能**判定真偽**，也就是分辨出生成器產生的假樣本與訓練集的真樣本。在前例中，鑑別器就相當於藝術鑑賞家，負責鑑定達文西畫作的真偽。這兩組神經網路會不斷鬥智以求擊敗對方：生成器偽造的手段愈高明，鑑別器判斷真偽的眼光就要越犀利。

1.2 GAN 如何運作？

GAN 背後的數學原理很複雜（後面會解釋，主要集中在第 3、5 章），還好我們可用現實世界中的實例來解釋 GAN。例如我們之前提過藝術作品偽造者（生成器）企圖騙過藝術鑑賞家（鑑別器）的例子：偽造者生產的畫作越像真品，鑑賞家的鑑別眼光就要越犀利；反之，藝術鑑賞家的鑑別能力越強，偽造者的偽造手法也要跟著越高明，以免被識破。

另一個 Ian Goodfellow 本人也常用的比喻，是偽鈔大王（生成器）與想逮到他的探長（鑑別器）：偽鈔的擬真度越高，探長的辨別能力就得越好，反之亦然。

更專業的說法是，**生成器**會盡可能模仿訓練集中真樣本的各種特徵，以生成和真品非常相似的假樣本。我們可以把生成器想成是一種反向的物件識別模型：物件識別模型是藉著研究樣本圖片中的特徵來識別內容；生成器則反向操作，從零開始，通常只需輸入一組隨機亂數向量，就能用它來生成仿製品，並借由鑑別器的回饋（是否能騙過鑑別器），一步步學習如何生成更逼真（具備樣本圖片特徵）的新資料。

鑑別器的工作則是將鑑別結果回饋給生成器，生成器再從中學習如何改進。鑑別器主要是負責分辨某樣本是真（來自訓練集）或假（來自生成器），因此當鑑別器把假圖當成真圖時，生成器就知道自己進步了。相反的，當鑑別器識破生成器的假圖時，生成器也會知道自己必須再改進。

鑑別器也會不斷進步，就跟普通的分類器一樣，藉著比較其預測結果（預測是真樣本或假樣本）與實際答案（實際是真樣本或假樣本）的差異來學習。因此，生成器產出的資料越來越逼真時，鑑別器分辨真偽的能力也會越來越高明，兩組神經網路會不斷競爭（對抗），因此都會持續進步。表 1.1 整理了 GAN 兩組網路的重點：

表 1.1：生成器與鑑別器網路

	生成器	鑑別器
輸入	一組亂數組成的向量	鑑別器有兩組輸入源： • 來自訓練集的真樣本 • 來自生成器的假樣本
輸出	越逼真越好的假樣本	預測輸入樣本為真樣本的機率
目標	能生成與訓練集非常相似的假樣本	能分辨出哪些是生成器的假樣本，哪些是訓練集的真樣本

下面讓我們仔細看一下 GAN 系統到底如何運作。假設我們要訓練 GAN 來生成幾可亂真的手寫數字（第 3 章會學到如何實作這種模型，然後在第 4 章繼續擴充其功能），圖 1.2 描述了 GAN 的核心架構：

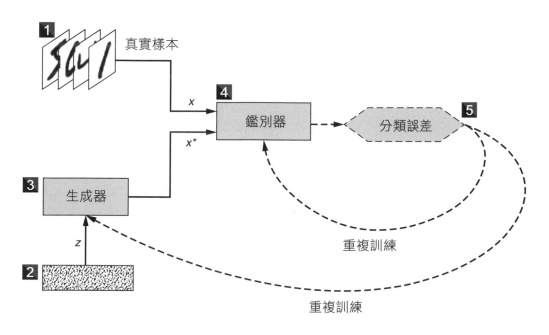

圖 1.2：GAN 兩個子網路（生成器與鑑別器）的輸入輸出，以及它們之間的交互作用。

整個流程的詳細說明如下：

1 **訓練集**：含有真樣本的資料集，我們希望生成器能從中學習，以生成近乎完美的仿真樣本。就本例來說，資料集是由手寫數字的圖像組成。此資料集是鑑別器的輸入端（x）。

2 **隨機雜訊向量**：生成器的原始輸入（z）。這是一組亂數向量，生成器利用此輸入合成假樣本。

3 **生成器**：生成器從輸入端取得一組亂數向量（z），以此生成假樣本（x*）。其目標是生成與真樣本非常相似（讓鑑別器信以為真）的假樣本。

4 **鑑別器**：鑑別器的輸入端可以是訓練集的真樣本（x）或生成器的假樣本（x*）。不管是哪邊來的樣本，鑑別器都要做出判斷，並輸出該樣本為真樣本的機率。

5 **重複訓練**：我們可從鑑別器的每次預測來評估其當下的水準（一般的分類器亦是如此做），並將評估結果反向傳播給鑑別器與生成器，使兩者做出相應的調整。

1.3.1　GAN 的訓練方式

學習 GAN 時，若沒實際看到它如何運行，會難以理解各部份的作用，這跟學引擎原理不能只看內部切面圖一樣（**編註：** 而應觀看引擎運轉時的內部連續變化圖片或影片）。本節就是為此而準備，我們先列出 GAN 的訓練演算法，再用 GAN 的訓練流程圖來解釋整個訓練過程。

GAN 的訓練演算法：

....

For 每次訓練 *do*

　　步驟 1. **訓練鑑別器：**

　　　　a. 從訓練集中隨機選出一筆真樣本 x

　　　　b. 將一組隨機雜訊向量 z 輸入生成器，生成一筆假樣本 x*

　　　　c. 用鑑別器分別對 x 及 x* 做分類，判斷是真還是假

　　　　d. 計算分類誤差，並將總誤差倒傳遞給鑑別器，讓鑑別器據此修改其參數，以盡可能**減少**分類誤差

　　步驟 2. **訓練生成器：**

　　　　a. 將一組隨機雜訊向量 z 輸入生成器，生成一筆假樣本 x*

　　　　b. 用鑑別器對 x* 做分類，判斷是真還是假

　　　　c. 計算分類誤差，並將總誤差倒傳遞給生成器，讓生成器據此修改其參數，以盡可能**增加**鑑別器的分類誤差 (讓鑑別器判斷錯誤)。請注意！這個步驟是要訓練生成器，所以要將鑑別器的參數鎖住(使它不會被修改)。

End for

GAN 的訓練流程圖

....

　　圖 1.3 具體描述了 GAN 的訓練流程圖。圖中各區塊左上角的英文字母代表 GAN 訓練演算法中的步驟編號。

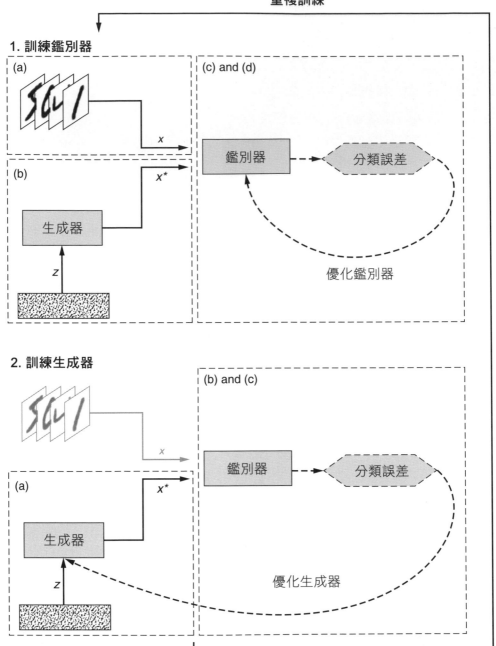

圖 1.3：GAN 的訓練演算法主要分成兩部份：**訓練鑑別器**和**訓練生成器**。在圖中這兩部分各對應一個訓練階段，整個訓練過程就是不斷重複這兩個階段。上頁演算法中的 a、b、c、d 子驟也分別標示在圖中了，請自行對照觀看。

▌1.3.2 何時達到均衡 (完成訓練)

你可能會想知道何時該停止 GAN 的訓練循環。更具體地說，要如何得知 GAN 已經完成訓練了呢？一般的神經網路在運作時，通常會定下一個可以達成的明確目標，例如我們在訓練分類器時，會用訓練集與驗證集來測量分類誤差，並在驗證誤差開始惡化時停止訓練（以避免過度配適）。在 GAN 中的這兩組神經網路相互競爭：一個進步就代表另一個退步，我們該怎麼決定何時停止呢？

熟悉博弈理論（Game theory）的人可能會把這種狀況當成一種「零和賽局」(zero-sum game)：一方贏多少，另一方就輸多少。當一方提高多少程度，另一方就會降低多少程度。所有零和賽局都有「**納許均衡**」（Nash equilibrium）狀態，一旦到達這個狀態，兩方不管再怎麼調整，都無法再有改善 (無法贏更多)。

當 GAN 滿足以下 2 個條件時，即達到納許均衡：

1 生成器的假樣本與訓練集的真樣本完全無法區別。

2 鑑別器只能隨機猜測樣本是真或假（只有 50% 的答對率）。

> 納許均衡是以美國經濟學家及數學家**約翰．福布斯．納許**（John Forbes Nash Jr.）為名，他的傳記《美麗境界》（A Beautiful Mind）記錄了其生平與職涯，並被改編成同名電影。

聽了底下的解釋你就會明白為何會如此。若所有假樣本（x*）與真樣本（x）確實沒有差別，鑑別器就無從得知該如何分辨兩者。此時由於收到的樣本有一半是真、一半是假，鑑別器所能做的，也只有丟硬幣決定是真是假了，這樣平均就會有 50% 的猜中機率。

同樣的，生成器也可能達到再也無法進步的狀況，此時由於生成的樣本跟真實樣本已無差別，所以就算再繼續訓練生成器，鑑別器仍會由新生成的假樣本中找出一些線索（**編註：** 這裡是指對分辨真假樣本沒有幫助的線索）來學習如何分辨真假，但這樣反而會使被訓練的生成器的表現變差，而對雙方的進步並無幫助。

當 GAN 達到均衡狀態時才算真正「收斂」（converged），但這也是最棘手的部份。實際操作 GAN 時會發現，達到納許均衡難如登天，因為要讓非凸遊戲（non-convex games）收斂（**編註：** 這裡的非凸是指在反向傳播時有多個梯度下降的局部最低點，因此不易到達全域最低點），所牽涉到的複雜度極廣（在之後的章節中會多談一點收斂，特別是第 5 章）。的確，GAN 的收斂仍是 GAN 研究中最重要的議題之一。

還好這並不妨礙 GAN 的研究或相關創新應用。即使沒有嚴格的數學理論支持，GAN 依然取得了卓越的成果。本書涵蓋了其中最具影響力的部份，在下一節會先預覽到一些內容。

1.4 為何要學 GAN ？

GAN 自問世以來，就被學術和業界譽為深度學習中最重要的創新之一。Facebook 人工智慧研究主任 Yann LeCun 甚至說，GAN 以及其變體是「深度學習在過去二十年中最酷的點子」**註 2**。

GAN 會讓人這麼興奮完全符合情理。機器學習的其他各種成就，即使已在研究者之間享負盛名，但對普通人來說也只是一個無感的科技名詞。可是 GAN 卻能激起研究人員與一般大眾的無限想像，相關報導常常出現在紐約時報（New York Times）、BBC、科學人（Scientific American）等知名媒體。當然，GAN 最讓人激動的成就，應該是讓你買了這本書（對吧？）。

GAN 最引人注目的能力，應該是能夠生成超寫實的影像。圖 1.4 中的人像都不是真人，而是偽造的，由此可見 GAN 合成高畫質寫實圖片的能力。這些人臉都是用漸進式 GAN 生成的（見第 6 章）。

圖 **1.4**：這些超真實的假人像，是漸進式 GAN 用一批高解析度名流人像訓練後所合成的。**編註：** 彩色圖片可連網到本書專頁觀看。
（來源："Progressive Growing of GANs for Improved Quality, Stability, and Variation," by Tero Karras et al., 2017, https://arxiv.org/abs/1710.10196。）

註2：見 "Google's Dueling Neural Networks Spar to Get Smarter," by Cade Metz, Wired, 2017, http://mng.bz/KE1X。

GAN 的另一個傑出成就是**圖像轉譯**（image-to-image translation）。GAN 可將圖像從一個域轉換為另一個域（domain，**編註：**可想成是特定的風格或形式），就如同把中文翻譯成西班牙文。如圖 1.5 所示，GAN 不但能將圖像中的馬變成斑馬（或是反過來！），還可以把實景照片變成莫內風格的畫作（或是反過來），而且完全不需要監督或標籤就能辦到。這種 GAN 的變體叫做 CycleGAN，你將在第 9 章學到。

圖 1.5：我們可以用 CycleGAN 這種 GAN 變體，把莫內的畫變成照片，或是把影像中的斑馬變成馬（反過來也行）。**編註：**彩色圖片可連網到本書專頁觀看。（來源：見 "Unpaired Image-to-Image Translation Using Cycle-Consistent Adversarial Networks," by Jun-Yan Zhu et al., 2017, https://arxiv.org/abs/1703.10593。）

　　GAN 還有更多令人矚目的神奇應用。網路巨擘亞馬遜正在試驗如何利用 GAN 提出時尚建議：系統可經由分析無數套裝，學會設計符合特定風格的新商品[註3]。在醫學研究方面，GAN 合成的樣本可以用來擴充資料集，以提高診斷的準確度[註4]。在第 11 章（等你能掌握 GAN 及其變體訓練的原理後），我們將仔細探索這兩種應用。

註3：見 "Amazon Has Developed an AI Fashion Designer," by Will Knight, MIT Technology Review, 2017, http://mng.bz/9wOj。

註4：見 "Synthetic Data Augmentation Using GAN for Improved Liver Lesion Classification," by Maayan Frid-Adar et al., 2018, https://arxiv.org/abs/1801.02385。**編註：**醫學資料量並不如網路資料量那麼多，因此如何擴增醫學資料集的數量是很重要的事，更多細節可參見旗標出版的「Deep Medicine」正體中文版。

GAN 也被視為實現**人工通用智慧**（artificial general intelligence）**註 5** 的重要踏腳石。這種具備人類同等認知能力的人造系統，能夠汲取幾乎所有領域的專業知識與經驗，從走路的動作到說話的能力、甚至是寫十四行詩這種需要創造力的技能。

然而，由於 GAN 能夠生成假資料和假影像，因此也具有危險性。雖然關於假新聞的傳播和危害，已經進行過廣泛的討論並廣為人知，但 GAN 製作逼真假影片的潛力確實讓人擔心。2018 年紐約時報有篇文章《如何透過人工智慧的「貓捉老鼠」遊戲產生幾可亂真的假照片》（How an A.I. ‘Cat-and-Mouse Game’ Generates Believable Fake Photos）─其撰稿記者 Cade Metz 和 Keith Collins 在結尾提到，GAN 的發展令人擔憂，可能會被用來生成或散佈讓人信以為真的錯誤訊息，包括偽造世界政要的發言。麻省理工學院技術評論社舊金山分社社長馬丁 ‧ 吉爾斯（Martin Giles）在他 2018 年的文章《GAN 之父：賦予機器想像力的男人》中，不僅認同他們的憂慮，也提到另一個潛在風險：熟練的駭客可利用 GAN，以前所未有的學習方式來找出系統漏洞。出於同樣的擔憂，我們會在第 12 章中討論 GAN 的道德考量。

GAN 可以為世界帶來許多的助益，但是任何創新技術都有可能被濫用。這裡必須意識到：我們不可能將技術「取消發明」！（**編註：** 就是讓這個技術回到未被發明的狀態）所以關鍵在於，是否能確保所有像你我這樣的人，都能察覺到這種技術的快速崛起與巨大潛力，並做好適當的防範。

GAN 擁有無限的潛能，本書將提供 GAN 的必要理論知識和實作技能，以便讓你繼續探索更多更有趣的領域。

所以就不多說了，繼續往前吧！

註 5：見 "OpenAI Founder: Short-Term AGI Is a Serious Possibility," by Tony Peng, Synced, 2018, http://mng.bz/j5Oa。另見 "A Path to Unsupervised Learning Through Adversarial Networks," by Soumith Chintala, f Code, 2016, http://mng.bz/WOag。

重點整理

- GAN 是一種深度學習技術，利用兩組神經網路的相互競爭，來生成逼真的新資料。組成 GAN 的兩組神經網路分別是：

  » **生成器**：目的在於生成讓鑑別器看不出來的擬真樣本。

  » **鑑別器**：目的在於正確分辨樣本是來自訓練集的真資料，還是來自生成器的假資料。

- GAN 在時尚、醫學和網路安全等不同領域都有廣泛的應用。

chapter

用 Autoencoder（AE）
做為生成模型

本 章 內 容

- 如何將資料以編碼方式**降低維度**（將資訊濃縮），然後再**擴增維度**來試圖還原資料

- 使用 AutoEncoder（AE）建構生成模型時所面臨的考驗

- 如何使用 Keras 製作 Variational AutoEncoder（VAE）來生成手寫數字圖片

- Autoencoder 的限制，以及非得改用 GAN 的原因

謹將本章獻給我的外婆 Aurelie Langrova，她在我們即將完成本章時辭世。我們永遠懷念她。

--Jakub

剛接觸機器學習的人，大部份都比較熟悉分類與迴歸模型，至於要怎麼建構模型來生成幾可亂真的樣本，就比較少人瞭解。所以我們決定在深入探討 GAN 之前，先介紹如何用 AutoEncoder（簡稱 **AE**，中譯為自動編碼器）來建構**生成模型**（generative model）。AE 的功能與 GAN 很像，但架構較簡單，也和一般常見的深度學習模型很接近，又有大量資料可參考，拿來當做入門範例是最適合不過了。

AE 也有它自己的特殊應用，本章稍後即會介紹。它的相關研究目前依舊熱門，甚至在某些領域稱得上是最先進的，在許多 GAN 的架構中也會使用到：有些是直接使用它，有些是間接用它來提供啟發或構思模型，例如第 9 章介紹的 CycleGAN。

2.1 生成模型（Generative model）簡介

深度學習如何讀取影像資訊並正確預測分類結果，這些你應該都很熟悉了：它不過就是將影像的像素資訊輸入系統，再轉換並預測出一個數字。例如：

但若要反向操作，把一個數字變成一個影像，該怎麼做呢？例如：

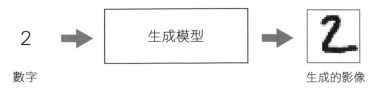

　　我們得先在系統中定義一個「轉換程序」，系統才能用這個程序把數字轉換成我們想要的影像。而這個「轉換程序」就是一個最簡單的**生成模型**，我們會隨著本書內容一步步的深入探討。

　　對於生成模型，我們第一個要求是**擬真性**。在理想情況下，生成的圖片（以 x* 表示）應該要跟真實樣本中的某張圖片（以 x 表示）非常相似。

　　生成模型的第二個要求是**多樣性**。我們通常會希望能生成非常**多樣性**的圖片，而非只有固定幾種，例如要能夠生成各種不同筆跡及大小的手寫數字圖片。

　　生成模型還有一個特點是，它通常會有一個幫忙訓練的輔助模型，例如 GAN 的鑑別器模型（參見上一章），而 autoencoder 則是用**編碼器**做為輔助模型，下一節即為您詳細說明其運作原理。

2.2 Autoencoder 的運作原理

顧名思義，AE（Autoencoder）可以自動編碼資料。它分成兩部份：**編碼器**（encoder）和**解碼器**（decoder）。其中解碼器就是生成模型，而編碼器則是輔助模型（輔助訓練解碼器的模型）。

我們可以將編碼及解碼的過程比喻為：**濃縮**及**重建**。其實我們生活中無時無刻都在濃縮資料，這樣才不用花太多時間去解釋已知的概念。人際溝通中處處都有 AE 的機制，例如當我們要表達 GAN 這個概念時，就會直接用（濃縮的）"GAN" 來表示，懂 GAN 的人一聽就明白（會在腦中重建這個概念），因此在溝通時相當方便。

但 "GAN" 對於外行人來說卻完全聽不懂，必須先跟他們解釋相關的概念才行。一個可行的做法，是訓練他們的 AE，先解說 GAN 的種種概念（x），再聽聽他們口中複述的（x*）是否跟原先說的（x）差不多，也就是測量二者之間的誤差（∥ x － x* ∥），然後依誤差來優化 AE 模型。我們將此誤差稱為**重建損失**（reconstruction loss）。

將某些頻繁出現的概念，濃縮成雙方都懂的簡寫（例如 "GAN"），在使用時會相當方便。我們腦中的 AE 可以自動濃縮資訊，並用它來進行溝通，甚至可以當成家人或朋友間的暗號來使用 [註1]。這樣我們只需要傳遞已濃縮的資訊（z，其維度通常比原始資料低很多）就好，因此可以大幅減少溝通時所要傳遞的資料量。

> **★ 小編補充** 在 AI 領域中，這種濃縮的資訊通常以 z 來表示，z 所存在的空間我們稱為**潛在空間**（latent space）。

經由以上舉例，相信讀者已能理解 AE 的運作原理了，下一節即為您詳細說明 AE 的架構及實際運作方式。

註1：其實著名的歐洲金融家 Rothschild 家族還真的在往來書信中這樣做，這就是為何他們事業能做這麼大。

2.3 Autoencoder 的架構

為了觀察 AE 的架構，我們將以影像的壓縮（編碼）與重建（解碼）為例來說明。AE 的基本概念很直觀，包含以下 3 個部份，如圖 2.1：

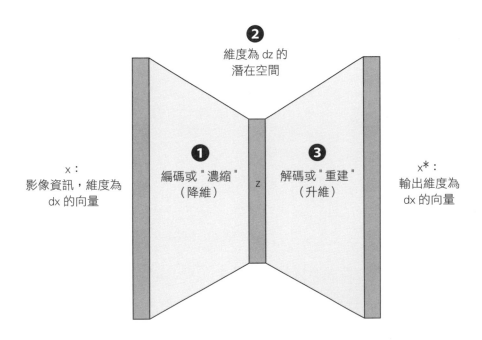

圖 2.1：AE 的架構圖，左側的 x 為輸入 AE 的影像，右側的 x* 為 AE 輸出的影像。AE 會執行以下步驟：(1) 將 x 編碼（降維）成低維度的資料 z，(2) 將 z 填入潛在空間中，(3) 將 z 解碼（升維）為和 x 很像的資料 x*。x 和 x* 的維度相同，均為 dx。

❶ **編碼器**神經網路：可將原始資料（如影像）x 的維度從 dx 降到 dz。

❷ **潛在空間（latent space）**：是用來存放經編碼器濃縮後的資料 z。我們可將 z 看成是一種在資料轉換過程中的低維度資料表示法（稍後在 2-8 節會有更詳細的說明），它可經由解碼器再重建出和原始樣本（x）很像的新樣本（x*）。

❸ **解碼器**神經網路：解碼器可依據潛在空間的濃縮資料（z）來重建原始資料，並還原到原始的維度。這通常只要用編碼器神經網路的鏡像網路逆推回去即可（但也可以不是鏡像）。由 z 到 x* 的轉換，其實就是將編碼的過程逆向操作，例如從維度為 100 像素的潛在空間，重建出 784（28×28）像素的影像。

以上的 AE 模型在訓練好之後，只要把編碼器移走，就可以將解碼器做為**生成模型**來使用了。詳細做法稍後會做更多說明，這裡先來看一下如何訓練 AE 模型：

1 將影像 x 輸入 AE。

2 取得 AE 輸出（重建）的影像 x*。

3 計算重建損失（x 與 x* 的差異）。

- 比較 x 與 x* 的像素差異（例如絕對誤差或是均方誤差）。

- 有了明確的損失函數（例如 ‖ x － x* ‖），便可用梯度下降法（gradient descent）來優化。

因此，只要用梯度下降法進行優化，便能求得編碼器和解碼器的最佳參數，使重建損失降到最小。

就這樣，很簡單吧！你也許會覺得這沒什麼了不起，不過稍後的介紹保證會讓你完全改觀！

2.4 Autoencoder 與 GAN 有何不同？

　　AE 與 GAN 的主要差別在於，AE 使用**單一損失函數**來訓練整個神經網路（從輸入到輸出），而 GAN 的生成器與鑑別器則**各有自己的損失函數**。圖 2.2 是 **AE、GAN、與生成模型**在人工智慧家族中的分類，讀者只需注意 AE 和 GAN 都是屬於生成模型，而二者的主要差異就在於是否使用單一損失函數。

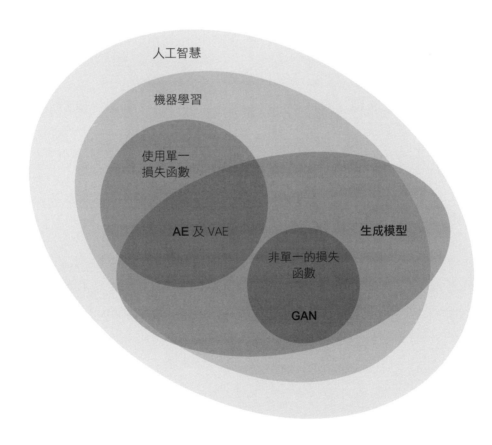

圖 2.2：GAN 與 AE 在人工智慧家族中的分類。

2.5 Autoencoder 的用途

AE 雖說看起來很簡單，但用途多多，絕對不容小覷：

● 首先，這是一種幾乎零成本的資料壓縮方式！因為圖 2.2 的步驟 2 能把影像或物件很聰明地降維並映射到潛在空間。理論上，降維的幅度可以比原始輸入小很多。雖然資料多少會因此而失真，但這種副作用有時剛好能符合我們的需要（**編註**：例如用來生成和原畫作很像但又「不完全一樣」的新畫作）。

● 潛在空間其實用途很廣，例如可用來做分類，由於物件映射到潛在空間後尺寸大幅縮減，因此檢索起來快很多，分類起來也更容易。

● 另一種用途是黑白影像的降噪或著色 [註2]。比方說，若手上有古老或雜訊很多的照片（像是第二次世界大戰的照片），就可以用它來去掉一些雜訊，並重新上色。由於 AE 與 GAN 很相似，在這些方面的應用也得以發揮。

● 某些 GAN 架構（如 BEGAN [註3]）為了穩定訓練過程而將 AE 納入，你之後會發現這個改變有多關鍵。

● 訓練 AE 時不需要額外準備標籤（答案）。下一節我們會詳細探討這個問題，並說明**非監督式學習**（unsupervised learning）與**自監督式學習**（self-supervised learning）的特色與好處。這會讓我們輕鬆很多，因為自我訓練時根本不需要標籤。

註2：更多關於為黑白影像上色的資訊，請看 Emil Wallner 的 "Coloring Greyscale Images," on GitHub (http://mng.bz/6jWy)。

註3：BEGAN 是邊界平衡對抗式生成網絡（Boundary Equilibrium Generative Adversarial Network）的縮寫，這個結構相當有意思，它是第一個採用 AE 為內部結構一部分的 GAN 架構。

● AE 也可以用來生成新影像。不管是數字、人臉還是房間照片，AE 都能生成；但通常圖片的解析度愈高，輸出的圖片會愈模糊。但是對 MNIST 資料集（稍後的範例會用到）或其他低解析度影像來說，AE 的效果很好；你很快就能看到程式碼了！

定義：MNIST（Modified National Institute of Standards and Technology，MNIST）資料集是一組手寫數字圖片的資料集。它在電腦視覺研究中經常被使用到，在維基百科上也有很棒的介紹。

　　AE 單靠找出資料的簡化表示法，將核心資訊濃縮到潛在空間中，就能辦到上面所說的那些事。這是因為資訊濃縮後不但更易操作，還可用來生成新資料，可說是妙用無窮！

2.6 「非監督式」與「自監督式」學習

在上一章其實已經討論過非監督式學習,只不過還沒有正式介紹。在本節中,我們就來進一步說明。

> **定義:非監督式學習**(unsupervised learning)是機器學習的一種類型,它可以從樣本資料中進行學習,而不需要額外的標籤。例如**分群**(clustering)就是一種非監督式學習(它會自動分析資料底層的結構來做分類);但**異常檢測**(anomaly detection)則通常是監督式學習,因為需要人為標記出異常的樣本。

由於非監督式學習在訓練時不需要標籤,因此可以幫我們節省大量製作標籤的人力與時間。不過很可惜,非監督式學習的應用場合並不多,絕大多數的分類、迴歸模型都需要有標籤才能進行訓練。

至於 AE 及 GAN,它們同樣都需要標籤才能訓練,不過好消息是,它們的標籤通常都已經自動準備好了:就是「**訓練資料本身**」!François Chollet(Google 的研究科學家,也是 Keras 的作者)等研究人員,將這類的機器學習稱為**自監督式**(self-supervised)學習。本書大部分會用到的標籤,如果不是資料本身,就是同一資料集中的其他資料。

由於這類訓練的資料本身也能當標籤,因此會有一個很棒的優勢:準備訓練資料時會輕鬆很多,我們可以盡情多搜集一些訓練資料,而完全不用花時間去準備標籤。

▌2.6.1　舊招新用

　　AE 其實是很早就已經出現的想法——至少在機器學習發展史中是這樣。如今大家都往深度學習鑽研，所以很自然地，也將 AE 納入深度學習的版圖之中。

　　AE 是由**編碼器**（encoder）和**解碼器**（decoder）這兩個神經網路所組成。在本章的範例中，兩個神經網路均配置激活函數（activation function）**註4**，而且它們都只有一個中間層。這表示每個神經網路都會配置兩個權重矩陣：編碼器的是從輸入層到中間層之間、以及中間層到潛在層之間各一個；解碼器則是從潛在層到中間層一個、中間層到輸出層又一個。

▌2.6.2　用 Autoencoder 生成資料

　　本章一開始就提到，AE 可以用來生成資料。如果用這種角度來回顧之前「傳達 GAN 概念」的例子，就能很容易理解為何 AE 可以做為生成模型。例如將 GAN 的概念，想成是編碼器的輸入資料；把 "GAN" 寫在紙上，則相當於把輸入資料映射到潛在空間；至於解碼器的輸出，則是其他人看到紙上寫著 "GAN" 三個字母時的想法。

　　在此例中，從潛在空間解碼的過程（其他人用自己的知識來看你寫的 "GAN"）就相當於一種「在腦中生成想法」的生成模型。"GAN" 可視為一種低維度的潛在向量，而輸出（即其他人看到 "GAN" 時的想法）會與原始輸入有同樣的維度：其他人的想法跟你的想法都有相同程度的理解，儘管有所差異。

註4：我們會先把上一層的輸出送入激活函數，再傳遞給下一層。一般較常用的激活函數是 ReLU（Rectified Linear Unit，線性整流函數）─定義為 max(0, x)。我們不會花太多時間探討激活函數，因為光是這個就夠在部落格發表好幾篇文章了。

現在回頭繼續看 MNIST 影像處理的範例。我們用一批影像來訓練 AE，在訓練中將不斷調整編碼器和解碼器的參數（權重），直到兩組神經網路都能運作良好為止，AE 也藉此學會了如何將潛在空間的 z 重建回原來的圖片。若要憑空生成資料，就把編碼器的部分截掉，只使用潛在空間和解碼器即可。圖 2.3 為資料生成過程的示意圖。

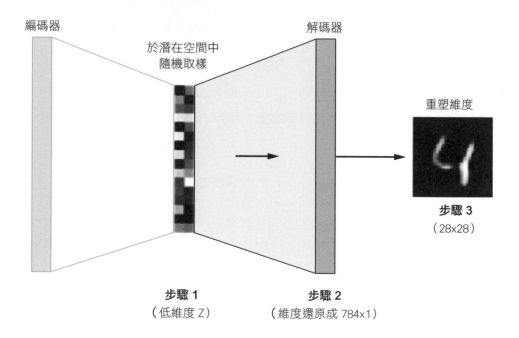

圖 2.3：既然已經從訓練中學會了如何將潛在空間的樣本 z 重建回原來的圖片，我們便可輕鬆使用訓練好的模型來生成類似的新樣本（圖片）。（原始圖片來自 Mat Leonard 在 GitHub 的簡易 autoencoder 專案：http://mng.bz/oNXM，圖片已經修改）

★ 小編補充 在訓練好 AE 之後，若將整批樣本資料映射到潛在空間，會變成一群**離散**的點，因這些點之間有間隙，如果我們剛好從間隙取樣，那麼就可能生成品質很差的圖片。另外，由於這些點的分佈並無規則，所以如果想生成特定數字（例如 2）的圖片，會不知該從哪裡取樣。為了克服這些問題，於是出現了 AE 的進化版：VAE，請趕快看下一頁的說明。

2.6.3　VAE（Variational Autoencoder）

　　VAE（Variational AutoEncoder, 稱為**變分自編碼器**）是什麼？它和一般的 AE 有什麼不同呢？這一切都與神奇的**潛在空間**有關。VAE 的訓練目標是：將整批資料映射到潛在空間後，不會只變成一群離散的數字，而是要呈現出一種特定的**連續分佈**（ **編註：** 就是讓不同圖片會編碼成不同平均值與標準差的常態分佈，因此會分佈到潛在空間不同的連續區域，而且相似的圖片會分佈到鄰近的區域）。我們通常會假設這種分佈為多變量高斯（multivariate Gaussian）分佈，至於真實分佈究竟如何，還有為何要選多變量高斯分佈，現階段可以先不用管它。讀者若要回想一下多變量高斯分佈的樣子，可以看第 2-20 頁的圖 2.5。（ **編註：** 高斯分佈和常態分佈是同義詞。）

　　你也許會覺得這愈來愈像統計學了，是的！因為 VAE 本來就是一種基於**貝氏機器學習**（Bayesian machine learning）的技術。這實際上代表我們必須在模型中多加一些條件約束來達成這樣的分佈。換句話說，普通的 AE 純粹把潛在空間當成一個無規則的隨機數字陣列，但 VAE 會試著找出適合的規則（平均值與標準差）來界定資料於潛在空間的分佈區域。

　　找出資料於潛在空間的分佈狀況後，便可由潛在空間中某數字的分佈區域中取樣，再把取樣資料送進解碼器，就能生出一個看起來很像該數字的圖片，但這可是模型憑空生成的（可能跟原始資料中的某張圖片很像，但又不完全一樣）。很簡單吧！

2.7 實例：寫程式實作 VAE

在本書中，我們會使用很好用的深度學習高階套件：Keras。強烈建議你能熟悉 Keras，若還未能上手，網路上有許多很棒的免費資源，像是 Towards Data Science（http://towardsdatascience.com）等。若想看書學 Keras，市面上也有很多不錯的書籍，例如 Manning 的 Deep Learning with Python（中譯本由旗標科技出版，書名為「Deep learning 深度學習必讀：Keras 大神帶你用 Python 實作」），這是 Keras 的作者 François Chollet 大神所寫的，非常值得拜讀。

為了展現 Keras 的真正火力，我們就用它實作一個最簡單的 VAE [註5]。在範例中，我們會使用 Keras 的**函數式 API**（Functional API）來建立神經網路（**編註：**此 API 通常用來建立具有分支結構的神經網路，例如本例的 encoder 模型有 3 個輸出層）；不過在之後的教學中，我們也會示範怎麼使用 Keras 的**序列式 API**（Sequential API，這是 Keras 另一種建構神經網路的方法），以因應不同需求的任務。

本範例的目標是**利用潛在空間來生成手寫數字圖片**。我們會建立一個新的模型物件，叫它 decoder 或 generator 都行，只要在潛在空間輸入一組向量，就能用此模型的 predict() 來生成新的手寫數字圖片。

首先我們在程式中匯入所需的套件，如下面程式 2.1。本程式的測試環境為：Keras 2.2.4 與 Tensorflow1.12.0（**編註：**有關範例程式的下載及使用說明，請參見本書最前面「關於本書」單元）。

註5：本範例原始出處為 http://mng.bz/nQ4K，但已被作者大幅簡化。

程式 2.1 匯入套件

```
import tensorflow as tf
from keras.layers import Input, Dense, Lambda
from keras.models import Model
from keras import backend as K
from keras import objectives
from keras.datasets import mnist
import numpy as np
```

 小編補充 小編 在 Colab 中 使 用 Keras 2.3.1、Tensorflow 2.2.0、Python3.6.9 可以正常執行本章範例程式。若使用其他版本（例如較新的 Keras2.4.3、Tensorflow2.3.0）而出現「_SymbolicException: Inputs to eager execution...」之類的錯誤，可關閉 Tensorflow 2.x 新增的 Eager Excution 功能試看看，方法參見下面最後一行程式。另外，如果想查看 Keras、Tensorflow、及 Python 的版本，可參考底下程式：

```
import keras
print('Keras:', keras.__version__)
import tensorflow as tf
print('Tensorflow:', tf.__version__)
import sys
print('Python:', sys.version)

tf.compat.v1.disable_eager_execution()  ← 關閉 Eager excution 功能
```

```
Keras: 2.3.1
Tensorflow: 2.2.0      列出版本編號
Python: 3.6.9
```

以上程式碼均可連到本書的線上專頁進行複製（參見本書最前面的專頁說明）

接著設定全域變數與超參數，如程式 2.2。原始維度是 MNIST 資料集的圖片規格，28×28 像素資料「展平」後變成 784 元素的一維向量。再來是中間層的維度（或稱節點數，或神經元數量）先設成 256，之後還可以再改成不同的大小試試看，超參數本來就可以不斷修改以做不同的測試！（**小編補充：** 接下來則是將潛在空間的維度設為 2。在建立模型時，會用這 3 個維度變數做為對應神經層的神經元數量，見程式 2.3。）

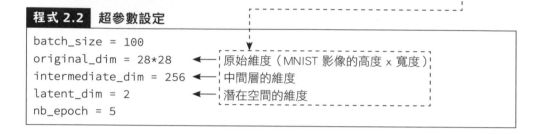

程式 2.2	**超參數設定**

```
batch_size = 100
original_dim = 28*28        ← 原始維度（MNIST 影像的高度 x 寬度）
intermediate_dim = 256      ← 中間層的維度
latent_dim = 2              ← 潛在空間的維度
nb_epoch = 5
```

編碼器的建構過程如程式 2.3，我們是使用 Keras 的 functional API 來實做。

這個程式簡單來說，就是一層一層建立並串接所需的神經層；後一層除了建立神經層物件所需的一組參數之外，後面還會有第 2 組參數：把前一層的輸出張量拿來當做輸入張量，例如第 2 層就是把第 1 層（Input 層）輸出的 x 當做**輸入張量**所建立的。

★ 小編補充 functional API 會用到 Python「**將物件當成函式來呼叫**」的技巧，在使用時要先建立神經層物件（例如下圖的 Dense(8)），接著把此物件當成函式來呼叫（此時會呼叫物件類別中已撰寫好的特定 method），並以該神經層的**輸入張量**為參數（例如：**(x)**）。呼叫並執行函式後，會傳回該神經層的**輸出張量**並指定給一個變數（例如：**h**），接著 h 即可供下一層做為輸入張量。

❶ 建立 Dense 層物件

h=Dense(8)(x)

❷ 把物件當成函式呼叫，再把函式傳回的輸出張量指定給 h

程式最後會用串接好的層來建立模型，方法是建立 Model 物件，並在參數中指定模型的起始張量（x）和結束張量（[z_mean, z_log_var, z]），如此 Keras 就能理解從開始輸入到最後輸出之間是如何連接的。請記得，前面示意圖中的 z 是潛在空間，而這裡的 z 則是潛在空間中，由「平均值」與「對數變異數」所定義的常態分佈區域（**編註：** 目的是希望在訓練完成後，每張輸入模型的圖片都可計算出其對應的「平均值」與「對數變異數」，而此 2 值決定了該圖片於潛在空間中的分佈位置。我們期望的結果是：不同圖片會對應到潛在空間中的不同區域，而類似圖片則會對應到相近的區域）。接著就來設計編碼器吧 **註6**：

程式 2.3 建立編碼器

```
x = Input(shape=(original_dim,), name="input")  ◀── 編碼器的輸入層
h = Dense(intermediate_dim, activation='relu', name="encoding")(x)  ◀┐
                                                            中間層
z_mean = Dense(latent_dim, name="mean")(h)  ◀── 潛在空間分佈的平均值層
z_log_var = Dense(latent_dim, name="log-variance")(h)  ◀┐
                                         潛在空間分佈的對數變異數層
z = Lambda(sampling, output_shape=(latent_dim,))([z_mean, z_log_var])
        ◀── 接收平均值與對數變異數的 Lambda 層，其輸出即為潛在空間z
encoder = Model(x, [z_mean, z_log_var, z], name="encoder")  ◀┐
                                       用 Model 類別建立編碼器模型
```

★ 小編補充 倒數第 2 行的 Lambda 層須指定一個取樣函式（此處為 sampling()），此函式的輸入參數即為該 Lambda 層的輸入值（此處有 2 個輸入值：z_mean 及 z_log_var），而傳回值則為該層的輸出值（z）。sampling() 函式的內容稍後即會介紹。另外請注意，Keras 的 Lambda 層並不是 Python 的 Lambda 函式，二者是不同的。

註6：這個點子的靈感是來自 Branko Blagojevic 在我們書籍論壇中的討論，感謝他的建議。

★ 小編補充 底下使用 Keras 的 utils.plot_model()，畫出 encoder 模型的結構圖以供參考：

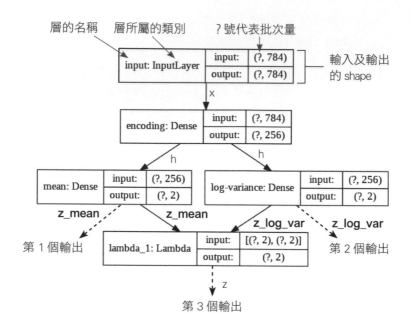

請注意，依照程式最後一行 Model() 的第 2 個參數 [**z_mean, z_log_var, z**] 可知，encoder 模型共有 3 個輸出，如上圖最下方 3 個虛線箭頭的標示。

如果覺得上圖有點複雜，那麼不妨參考下面的簡圖（有加框的為神經層，其他為資料張量，小括號中則是資料維度或神經元數量）：

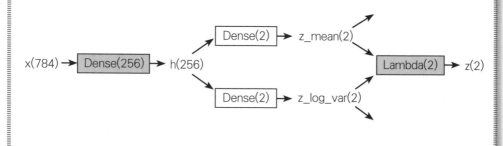

接著要開始最棘手的部分：於潛在空間中由 z_mean 及 z_log_var 所界定的常態分佈中隨機取樣一個點，然後將之送入解碼器。首先來思考一下 z_mean 和 z_log_var 這兩層是如何連接的：它們代表潛在空間的 2 個特徵，分別是常態分佈的「平均值」與「對數變異數（**編註：** 此值稍後在取樣函式中會轉換為標準差）」，向上與第 2 層相連（見上頁的結構圖），向下則透過取樣函式與 Lambda 層相連。取樣函式如下：

程式 2.4　建立取樣函式

```
def sampling(args):
    z_mean, z_log_var = args
    epsilon = K.random_normal(shape=(batch_size, latent_dim), mean=0.)
    return z_mean + K.exp(z_log_var / 2) * epsilon
```

編註： 建立一個平均值 0、標準差 1、shape 為 (批次量, 2) 的隨機常態分佈陣列

編註： $e^{ln(var)/2} = var^{1/2} = sqrt(var) = $ 標準差

★ 小編補充 程式中 z_log_var 變數是代表「對**變異數**（var）取自然對數」，也就是「ln(變異數)」的意思，因此最後一行的 K.exp(z_log_var/2) 就相常於 exp(ln(變異數)/2)= 變異數開根號 = **標準差**。此函式要傳入 2 個參數：z_mean 及 z_log_var，而傳回值則是一個由「平均值為 z_mean、對數變異數為 z_log_var 的常態分佈」所取樣的隨機數值陣列。

另外，由於程式 2.2 中已將 batch_size 設為 100，因此函式中的 z_mean 及 z_log_var 的 shape 均為 (100, 2)，表示它們各有 100 筆資料，每筆資料中則有 2 個平均值或 2 個對數變異數。而函式則會由這 2 個常態分佈中各隨機取樣一個值做為傳回值，因此傳回值的 shape 也是 (100, 2)。

此函式的目的，就是靠訓練來摸索出平均值（μ）和標準差（σ）。整個操作如下：z 透過取樣函數與 z_mean 和 z_log_var 連結，藉由訓練邊摸索後兩者的值，邊取樣確認分佈是否能漸漸符合期望（**編註：** 就是期望能從每個分佈位置生成出該位置所代表的相似圖片）。而稍後在使用模型生成圖片時，則可依據訓練得來的這 2 個參數重現同樣的潛在空間分佈，然後再由潛在空間中隨機取樣送入解碼器，即可輸出取樣位置所代表的相似圖片，你等一下就會看到結果。圖 2.5 有一些單峰二維高斯分佈的實例，可供對高斯分佈（也就是常態分佈，或機率密度函數）有點生疏的讀者參考。

小編補充： 這裡我們可用程式的執行過程來理解：

1. 將一張圖輸入模型後，encoder 會輸出 z_mean 及 z_log_var，這 2 個值就代表了一個常態分佈。

2. 接著 Lambda 層的 sampling() 函式會由這 2 個值所描繪的分佈中隨機取樣一個點（假設是 x, y），再將之輸出到潛在空間 z 中。

3. 將 (x, y) 輸入到 decoder 中，並用來產生一張還原的圖，優化器再用此圖與原始圖的差異，對 encoder 及 decoder 進行優化。

接著再輸入下一張圖，此時 encoder 會輸出不同的 z_mean 及 z_log_varmean，然後重複前述動作 ....。

在訓練完成後，每張圖都會對應到潛在空間中的一個分佈，越類似的圖，encoder 所輸出的 z_mean 及 z_log_var 會越接近，因此在 z 中分佈的位置也會越接近。最後，我們就可以由潛在空間中的特定位置（例如手寫 2 的圖片所聚集的區域）取樣，然後輸入 decoder 來生成還原的圖片（例如很像手寫 2 的圖片）了。

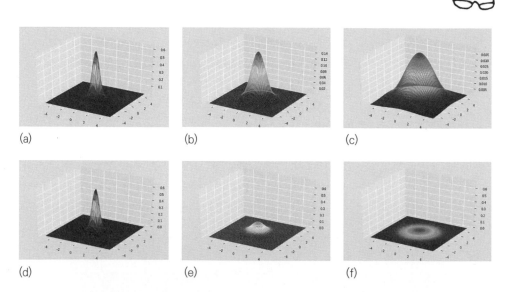

(a)　　　　　　　　(b)　　　　　　　　(c)

(d)　　　　　　　　(e)　　　　　　　　(f)

圖 2.5： 為了讓讀者想起來多變量分佈長得什麼樣子，我們特別畫了幾種二維高斯分佈圖。這些分佈圖各有不同的變異數：(a) 的變異數為 0.5，(b) 為 1，(c) 為 2。(d)、(e)、(f) 的分佈其實分別跟 (a)、(b)、(c) 完全一樣，只是把 z 軸的上限改成 0.7。垂直的 z 軸座是代表落點位置的機率，圖中 (a) 和 (d) 的落點比較集中，而在 (c) 和 (f) 則比較分散，也就是有較高的機率會落在離原點 (0,0) 較遠的位置。

　　知道如何定義潛在空間後，我們就繼續來寫解碼器。這裡同樣是把每一層都設成變數，稍後在自訂的損失函數中就能直接拿來使用。

程式 2.5 **製作解碼器**

```
input_decoder = Input(shape=(latent_dim,),        ← 解碼器的輸入層，可
                    name="decoder_input")           輸入潛在空間的資料
decoder_h = Dense(intermediate_dim, activation='relu',  ← 把輸入的潛
                    name="decoder_h")(input_decoder)      在空間連到
x_decoded = Dense(original_dim, activation='sigmoid',   ← 中間層
                    name="flat_decoded")(decoder_h)     還原到一開始的維度
decoder = Model(input_decoder, x_decoded, name="decoder")  ←
                                              用 Model 建立解碼器
```

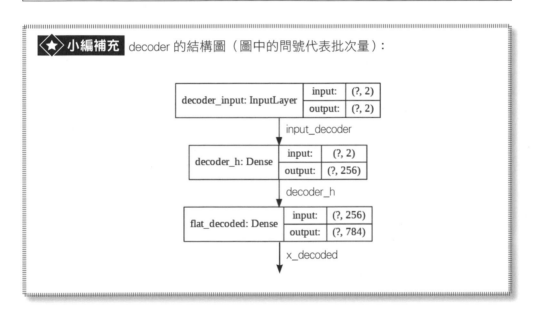

★ 小編補充　decoder 的結構圖（圖中的問號代表批次量）：

現在可以將編碼器和解碼器結合成一個 VAE 模型了：

程式 2.6 **結合兩模型**

❶ encoder 的輸入為 x，輸出有 3 個

```
output_combined = decoder(encoder(x)[2])
```

❷ 取 encoder 的最後一個（索引 2）輸出做為 decoder 的輸入

接下頁

```
vae = Model(x, output_combined)  ←  將最初輸入 (x) 到最後輸出結合為 VAE 模型
vae.summary()
```

```
Model: "model"
_____
Layer (type)            Output Shape                Param #
=================================================================
input (InputLayer)      [(None, 784)]               0
_____
encoder (Model)         [(None,2), (None,2), (None,2)]   201988
_____
decoder (Model)         (None, 784)                 202256
=================================================================
Total params: 404,244
Trainable params: 404,244
Non-trainable params: 0
```

★ 小編補充 VAE 模型的結構圖（圖中的問號代表批次量，也就是上面 summary() 輸出模型資訊中的 None）：

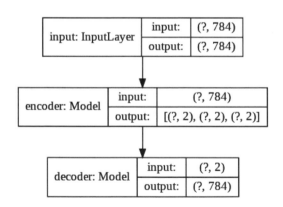

請注意，雖然 encoder 有 3 個輸出，但只有一個（索引 2 的 z）輸入到 decoder 中。而且我們只為 VAE 模型定義了一個輸出，也就是 decoder 的輸出：(?, 784)。

以上的 VAE 模型是從輸入 x 開始，並以輸出 x_decoded_mean 作結束。再來就是機器學習的例行公事：定義損失函數，作為 VAE 的訓練依據。

程式 2.7 定義損失函數

```
            前 2 個參數是損失函數必備的，可用來接收標籤張量及輸出的預測值張量
def vae_loss(x, x_decoded_mean, ◀──┘
            z_log_var=z_log_var, z_mean=z_mean, ◀── 後面 3 個參數則
            original_dim=original_dim):                預設為等號後面
    xent_loss = original_dim * objectives.binary_crossentropy(x,    的全域變數值
            x_decoded_mean)  ◀── 計算二元交叉熵（binary cross-entropy）
    kl_loss = - 0.5 * K.sum(1+z_log_var-K.square(z_mean)-K.exp(
            z_log_var), axis=-1)  ◀── 計算相對熵（KL divergence）
    return xent_loss + kl_loss  ◀── 傳回以上 2 熵的和


vae.compile(optimizer='rmsprop', loss=vae_loss)  ◀── 編譯模型
```

編註： 以上函式的後面 3 個參數（z_log_var 等），在作者 Github 的範例程式中並未包含，這裡列出只是為了容易理解。其實這 3 個參數的名稱及預設值都和對應的全域變數相同，並且在呼叫此函數時也不會指定這 3 個參數，所以有或沒有這 3 個參數的執行結果都相同。

在此我們用二元交叉熵（binary cross-entropy）與相對熵（KL divergence）的和來估算整體損失值。相對熵是用來衡量兩種分佈的差異，這就好比把圖 2.5 任兩種分佈疊在一起，然後測量不重疊的部份。二元交叉熵則是二元分類時常用的損失函數：只要比較原先灰階影像的像素 x，與 VAE 重建出的像素 x_decoded_mean，就能算出二元交叉熵。

定義： KL 散度（Kullback-Leibler divergence，簡寫成 KL divergence）又稱相對熵。對了解資訊理論的人來說，就是「自身分佈的熵」與「兩分佈的交叉熵」的差距。你可想像一張圖上有兩個分佈，則兩分佈不重疊的區域愈多，KL 散度就愈大。我們在第 5 章會有更詳細的說明。

接著編譯模型並指定要使用自訂的損失函式 vae_loss。這裡的優化器是用 RMSprop，不過也可改用 Adam 或最單純的隨機梯度下降法（stochastic gradient descent，SGD）。雖說每個人有自己愛用的梯度下降法，但大都不離這三種：Adam、SGD 或 RMSprop。

接下來是訓練模型的標準程序：取得訓練集與測試集，並將輸入資料正規化（normalization）。

程式 2.8 取得訓練集與測試集

```
(x_train, y_train), (x_test, y_test) = mnist.load_data()
x_train = x_train.astype('float32') / 255.
x_test = x_test.astype('float32') / 255.
x_train = x_train.reshape((len(x_train), np.prod(x_train.shape[1:])))
x_test = x_test.reshape((len(x_test), np.prod(x_test.shape[1:])))
```

我們先把訓練集與測試集的資料正規化（編註：除以 255 使介於 0~1 之間），再將維度從 28 × 28 的矩陣轉換成 784 元素的一維陣列。接著執行 fit() 進行訓練，並用 shuffle 參數指定在每週期開始前要將訓練資料洗牌（隨機重排），以便讓資料更符合真實的情況（編註：此參數也可省略，因為 shuffle 參數預設即為 True）。另外，還會使用測試資料來做驗證，以監視訓練的進度。

```
vae.fit(x_train, x_train,
    shuffle=True,
    nb_epoch=nb_epoch,
    batch_size=batch_size,
    validation_data=(x_test, x_test),verbose=1)
```

大功告成！

本範例程式還提供有趣的潛在空間視覺化輸出，讀者可使用 Jupyter notebook、或 Google 免費的 Colab 線上 notebook（https://colab.research.google.com）來觀看及測試完整的程式碼。現在休息一下，等那些漂亮的進度條跑完後，便可看到資料映射到潛在空間後的（二維）分佈圖，如圖 2.6 所示。

★ **小編補充** 讀者如果是用 tf.keras 2.x 來執行範例程式，請將繪製分佈圖的程式片段（書中未列出）中，第 2 行「x_test_encoded = encoder.predict(x_test, batch_size=batch_size)[0]」最後的 [0] 刪除，否則會出錯。因為新版 predict() 會直接傳回預測出的 Numpy 陣列，而不會將此陣列放在 list 中。

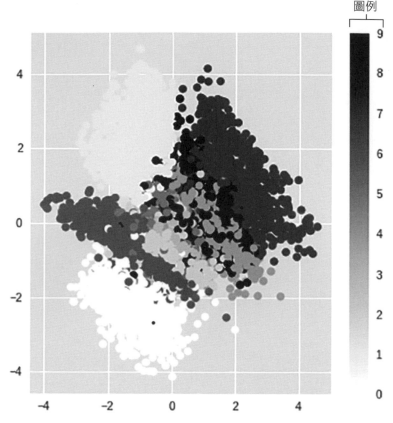

圖 2.6：將測試集資料映射到潛在空間後的二維分佈圖。每個點的座標代表該筆資料映射到潛在空間的位置，顏色則對應該影像的種類（是 0~9 的哪個數字，可從右側的圖例得知）。由圖中可看出同類的資料（相同數字）有聚在一起的傾向，這表示我們的表示法還不錯。實際執行本程式時可看到彩色的圖形。

編註： 彩色圖片可連網到本書專頁觀看（詳見本書最前面的專頁說明）。

★ 小編補充 讀者在執行範例程式時，所顯示的潛在空間分佈圖，可能會和上圖不同。這是正常現象，因為模型在每次重新訓練時，模型內部參數的初始值，以及訓練樣本輸入模型的順序都可能不同，所以學習的成果也可能不同。

我們可以將以上的潛在空間劃分成數十等份，看看每一塊空間所生成的輸出結果有何不同。比方說，把潛在空間從兩軸 -1.645~1.645 的這塊正方形區域，分成 15 份間隔取樣並用來生成影像（**編註：** 程式實際的取樣方式見下面的小編補充），就會生出如圖 2.7 的結果。別忘了我們在這裡用的是二元高斯

分佈，所以有兩個軸可以間隔取樣（ 編註： 因此會生出 15x15=225 張圖片）。
至於完整的程式碼，一樣請上 Jupyter notebook/ Google Colab 參閱。

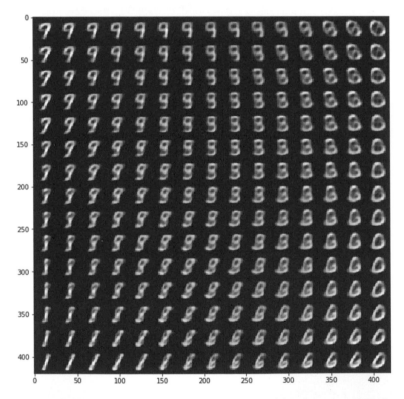

圖 2.7：我們將潛在空間的中央區域，以原點為中心劃分成 15×15 塊區域，
並將每個區域所採樣到的值輸入解碼器以生成影像，再依照採樣位置排列
影像。由此可大略看出 z 的改變對生成圖片的影響。

2.8 再論潛在空間

　　除了 AE 有潛在空間外，我們通常也會把第 1 章提到的亂數雜訊向量，看成是圖片樣本映射到潛在空間中的低維度資料。簡單來說，潛在空間就是資料經簡化後的**隱藏表示法**（hidden representation, 編註：意指潛藏在資料內部的資訊），在本書中均以 z 表示。

　　上面所說的簡化，是指**維度變低**——例如把樣本資料由 768 元素的陣列縮減成 100 個元素。在許多場合，若能把資料以適當的表示法簡化後映射至潛在空間，除了可以用來生成資料外，也比較容易將資料依特徵分類（編註：因為已將資料去蕪存精，只保留重點特徵）。

★ 小編補充 也許有些讀者會覺得奇怪，為什麼低維度的**亂數雜訊向量**可以變成有意義的資料表示法呢？又為什麼可以用它來生成複雜的資料呢？

這裡再舉前面「傳達 GAN 概念」的例子，當我們看到 "GAN" 這 3 個字時，腦中就會浮現 GAN 的相關概念，但當一個完全不懂科技的人看到這 3 個字，應該就無法解讀了，這時 "GAN" 對他來說就等同於是雜訊向量！

因此雜訊向量本身始終沒變，但當我們用它（搭配訓練樣本）來訓練生成模型後，生成模型便有了智慧，並賦予這些雜訊向量意義，讓它們成為訓練樣本的簡化（低維度）資料表示法。

所有的智慧都在生成模型之中，而不在雜訊向量或訓練樣本中（它們只是單純的資料而已）。這些智慧可讓生成模型用雜訊向量來生成和訓練樣本很像的資料，而且由於訓練好的模型其參數（智慧所在）都已固定，因此使用不同的雜訊向量可以生成不同的資料，若使用相同的雜訊向量則會生成相同的資料。此外，如果使用相近的雜訊向量，則通常也會生成相近的資料。

2.9 為何我們還是得用 GAN？

本書應該寫到這裡就好了吧？畢竟我們已經能生成跟 MNIST 差不多的影像了，而接下來幾章的範例也是一直在做同樣的事。不過在將本書束之高閣之前，請先聽我們解釋為何你最好繼續讀下去 ……

真正的挑戰才剛要開始！假設手上有批資料，其分佈如圖 2.8，就是單純的一維雙峰分佈：（和之前一樣，把分佈想成一個代表任意落點機率的數學函數就好；函數的值介於 0 與 1 之間，值越高表示在此點採樣到的樣本會愈多。）

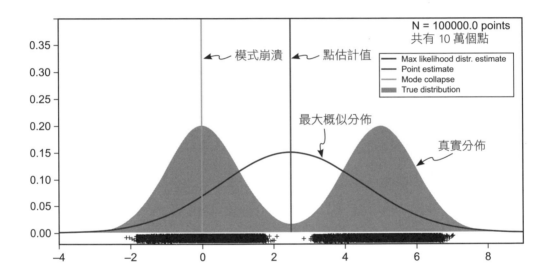

圖 2.8：最大概似分佈（Maximum likelihood）、點估計值（Point estimates）與真實分佈（True distributions）。灰色的分佈並非只有一個極大值，而是雙峰分佈。但因為我們一開始就假設模型是單峰，所以結果會錯很大，甚至導致模式崩潰（mode collapse，先記住這個名詞，第 5 章會談到）。這在使用與 KL 相關的技術時（例如 VAE 或早期的 GAN）尤其容易發生。

由於我們無法事先知道資料映射到潛在空間的分佈模式，如果一廂情願地認為它是簡單的高斯分佈，然後建立模型來估算其平均值和標準差，這樣當然註定會出錯。比方說，若我們硬用「最大概似估計」（maximum likelihood estimation）這種傳統統計技巧來估算「單峰高斯分佈」的參數（這便是 VAE 的原理），那得到的結果當然會有問題，因為真實分佈是雙峰而非單峰。由於一開始就搞錯了分佈模式 **註7**，所以估算到的常態分佈平均值（稱為點估計值）會落在兩個極大值之間。最大概似估計這種技術，既不能預料到資料裡有兩個極大值，也無法妥善處理這樣的狀況，因此它為了把誤差降到最小，只好在點估計值周圍製造出一個「又肥又矮」的常態分佈來「概括」這兩個極大值。雖說這看起來是小事（不難處理），但請記得，我們的模型通常都是「超高維度」，這會更難處理！

> **定義：雙峰**（bimodal）是指分佈圖中有兩個峰值或極大值，這個概念第 5 章很常用到。圖 2.8 中，真實分佈是由兩個常態分佈（平均值分別為 0 和 5）所組成。

有趣的是，此時所得到的點估計值當然也是錯的，因為在真實分佈中的平均值附近（雙峰的中間）根本沒有什麼樣本。因此若改用名人頭像來訓練 VAE 模型，由於這種雙峰的資料分佈模式已超出單峰分佈可描述的範圍，因此 VAE 根本找不到單峰的「中心點」。而最後的下場會是，由於 VAE 試圖「概括」這兩峰資料的共通點，只好生成出奇怪的「混種」。

到目前為止，我們僅討論錯誤的假設對估算結果所造成的衝擊，至於這跟模型生成的影像有什麼關係，只要想想潛在空間的高斯分佈 z 到底能讓我們做什麼。VAE 把分析過的資料用一個高斯分佈做總結，為了確保所有的資料在這個分佈中都有一定的出現機率，VAE 會採取「中庸之道」：用一個標準差夠大的分佈來概括可能的範圍，反正只要落在高斯分佈 3 個標準差以內，都有 99.7% 的機率會矇到。VAE 由於無法像 GAN 一樣自己調整模型，所以不管資料原本的分佈多複雜，都**只能用高斯分佈硬套**，然後找出看起來差異最小的參數了事。

註7：見 Pattern Recognition and Machine Learning, by Christopher Bishop (Springer, 2011)。

圖 2.9 明確顯示出 VAE 選擇「中庸之道」的下場。在 CelebA 資料集中，名人頭像都經刻意對齊跟裁剪，VAE 模型的確能重現眼睛或嘴巴等人臉特徵，但背景卻出了問題。而 GAN 則無此問題，它不但能觀察入微，對資料分佈的理解分析也能更加深入。

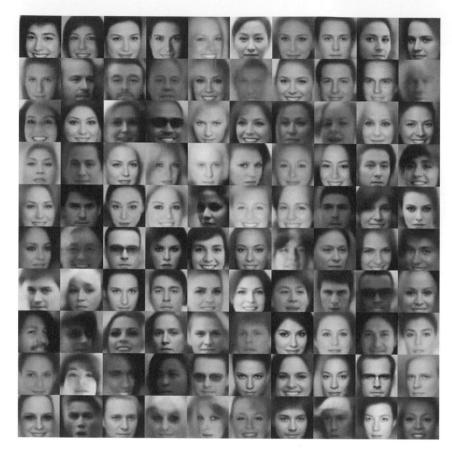

圖 2.9：由 VAE 生成的假名人頭像，邊緣都很模糊並融合到背景中。這是因為 CelebA 資料集的影像雖然都有居中對齊，眼睛和嘴巴等部位周圍特徵都一致，但背景卻大不相同。為保險起見，VAE 只好選擇用「保險」的像素值讓背景模糊，這樣才能將損失降到最小，但卻犧牲了畫質與細節。

編註： 彩色圖片可連網到本書專頁觀看。

（來源：VAE-TensorFlow by Zhenliang He, GitHub, https://github.com/LynnHo/VAE-Tensorflow.）

　　希望本節能讓你了解資料分佈的重要性，以及它會如何影響訓練的過程與結果。我們會在第 10 章進一步研究這些議題。

重點整理

- AE 是由**編碼器**、**潛在空間**、和**解碼器**所組成。其訓練方式是藉由損失函數來計算輸出的還原資料與原始資料間的差異，再以此進行優化。

- AE 有很多應用，也可拿來當**生成模型**，但一般不常見，因為其他方法（尤其是 GAN）更適合用來生成資料。

- 我們可用 Keras（Tensorflow 的高階應用程式介面）寫一個簡單的 VAE，來生成手寫數字圖片。

- 由於 VAE 的局限性，促使我們改用 GAN 來達到更好的成效。

MEMO

_____

_____

_____

_____

_____

_____

_____

_____

_____

chapter 3

你的第一個 GAN：
生成手寫數字

 本 章 內 容

- 探討 GAN 和對抗訓練背後的理論

- 了解 GAN 與一般神經網路的區別

- 用 Keras 實作一個 GAN，並訓練它生成手寫數字圖片

若想更深入鑽研 GAN 這個領域,免不了要看一些偏重理論的文章,甚至是學術論文。為此做準備,本章會探討 GAN 的基礎理論,介紹一些常見的數學式 (例如:G(z)=x*);並提供相關背景知識,為之後的章節做熱身,尤其是第 5 章。

但從實作的角度來看,就算不懂這些數學式也無須擔心;這就跟不了解引擎原理也能開車一樣。Keras 和 TensorFlow 等機器學習函式庫早就幫我們把相關的數學理論都打包好了,我們只需寫幾行程式匯入模組和呼叫函式即可。

本書就是不斷重複使用上述的高階函式庫來設計、改良 GAN 模型,因此若你想直接開始實作,也可以跳過理論說明,直接看範例程式。

◆★ 編註 GAN 的基本原理與運作流程已在第一章介紹過了,讀者若已淡忘請記得隨時回頭複習。

3.1 GAN 的基礎:對抗訓練

嚴格來說,GAN 的**生成器**和**鑑別器**是兩組不同的神經網路,各有自己的損失函數。兩組網路都是藉由「反向傳播鑑別器的損失」來學習:鑑別器努力把誤判的損失降到最低,而生成器卻得盡可能用假樣本魚目混珠,增加鑑別器誤判的損失。

整個邏輯可以用圖 3.1 呈現。第 1 章也出現過類似的圖,我們曾用它來介紹 GAN 的原理,但那張圖主要是以生成手寫數字為例;而圖 3.1 則是比較通用的版本,理論上用任何資料集來訓練都行。

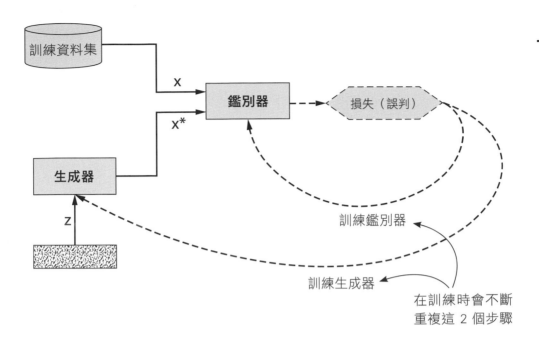

圖 3.1：在 GAN 架構中，生成器和鑑別器都是藉由反向傳播鑑別器的損失來學習：鑑別器努力將損失（誤判）降到最小；而生成器則努力合成出擬真的假樣本，讓損失（誤判）越大越好。

請注意，生成器會模仿出什麼樣的樣本，是由訓練資料集決定的。比方說，要生成出貓咪的照片，就得提供 GAN 一批貓咪照片當模仿參考。

用專業說法來解釋生成器的目標，就是藉由鑑別器的回饋來學習資料集的資料分佈狀況，以生成出特徵相似（**編註：** 可以騙過鑑別器）的樣本 [註1]。對電腦來說，圖片只是一種數字陣列：灰階影像是 2 維陣列，全彩影像 (RGB) 則是 3 維陣列。資料集中每張圖片的像素，都是按照某個複雜機制來分佈；畢竟，若完全無跡可循，就不是圖片而是隨機雜訊了。一般的物件辨識程式是藉由學習圖片中的 pattern 來識別圖片內容；而生成器則是反過來：不識別 pattern，直接學習如何生成圖片（**編註：** 就是藉由「鑑別器告訴它生成的像不像」來學習）。

註1：見 "Generative Adversarial Networks," by Ian J. Goodfellow et al., 2014, https://arxiv.org/abs/1406.2661。

請注意，在 NumPy 中，shape 有幾個元素就稱為幾**軸**（axis），1 軸是向量、2 軸是矩陣、3 軸以上則稱為 N 軸陣列；而軸中有幾個元素則稱為**維**，例如 shape 為 (2, 3) 時，則第 0 軸有 2 維，第 1 軸有 3 維。不過很多人都將軸和維混用，因此當維被用在陣列而非向量時，例如前面說全彩圖片是 3 維陣列時，此時的維就是指軸，也就是 3 軸陣列，例如 28×28 全彩圖片的 shape 為 (28, 28, 3)。

▌3.1.1　損失函數

生成器與鑑別器的損失函數，通常會用數學符號 $J^{(G)}$ 與 $J^{(D)}$ 來表示。它們的可訓練參數 (權重和偏值) 則由希臘字母 θ 表示：生成器的是 $\theta^{(G)}$，鑑別器的則是 $\theta^{(D)}$。**編註：** G、D 分別代表 Generator（生成器）、Discriminator（鑑別器），後面會一直沿用這種表示方法。

GAN 與一般神經網路有兩大區別。第一是損失函數 J，傳統神經網路的損失函數只與自身的可訓練函數 θ 有關，所以數學上可用 $J(\theta)$ 表示。而 GAN 雖然是由兩個神經網路組成，但它們各自的損失函數卻與兩邊的參數都有關。也就是說，生成器的損失函數是 $J^{(G)}(\theta^{(G)}, \theta^{(D)})$，而鑑別器的損失函數則是 $J^{(D)}(\theta^{(G)}, \theta^{(D)})$ 註2。(**編註：** 在訓練 GAN 時，無論是訓練生成器或鑑別器，都會同時使用到這二個模型，所以自然與這二者的參數有關)

第二個區別是，傳統神經網路可以在訓練中調整所有的參數 θ (權重和偏值)。而 GAN 的兩個神經網路各自只能調整自己的參數 θ：生成器只能調整 $\theta^{(G)}$，而鑑別器只能調整 $\theta^{(D)}$。因此雖然 $J^{(G)}$ 和 $J^{(D)}$ 都是 $\theta^{(G)}$ 和 $\theta^{(D)}$ 的損失函數，但每個神經網路僅可調整自己的參數 ($\theta^{(G)}$ 或 $\theta^{(D)}$) 來控制損失函數的值。

註2：見 "NIPS 2016 Tutorial: Generative Adversarial Networks," by Ian Goodfellow, 2016, https://arxiv.org/abs/1701.00160。

▋3.1.2　訓練過程

前述兩種區別對 GAN 的訓練過程影響深遠。傳統神經網路的訓練其實是一個優化問題：我們試圖在參數空間中找到一組能把損失函數最小化的解，找到之後，不管參數再如何前後微調都只會增加損失。圖 3.2 說明將損失最小化的優化過程（ **編註：** 此圖已簡化成只有 2 個參數的狀況，以方便理解）。

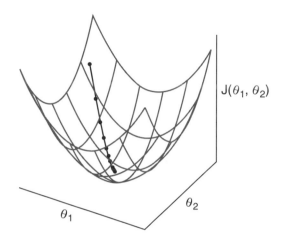

圖 3.2： 碗狀圖為 θ_1 與 θ_2 參數空間中損失函數 J 的圖形，黑點軌跡為參數空間中將損失最小化的優化過程。（來源："Adversarial Machine Learning," by Ian Goodfellow, ICLR Keynote, 2019, www.iangoodfellow.com/slides/2019-05-07.pdf.）

但是生成器和鑑別器只能調整自己的參數，而不能調整對方的，所以 GAN 的訓練與其說是優化，不如說是比賽[註3]，至於參賽者，當然就是這兩個神經網路。

回顧第 1 章的內容：當兩個神經網路達到納許（Nash）均衡，GAN 的訓練就算完成；比賽進行到此，不管是哪方都無法再透過改變戰略來重新取回優勢。用數學語言來說就是：生成器已達到調整 $\theta^{(G)}$ 參數以降低 $J^{(G)}(\theta^{(G)}, \theta^{(D)})$ 的極限；同樣地，鑑別器也無法再藉著改變參數 $\theta^{(D)}$ 來降低自身損失 $J^{(D)}(\theta^{(G)}, \theta^{(D)})$[註4]。整場零和遊戲的格局與兩方達到納許均衡的過程，如圖 3.3 所示。

註3：同註2。

註4：同註2。

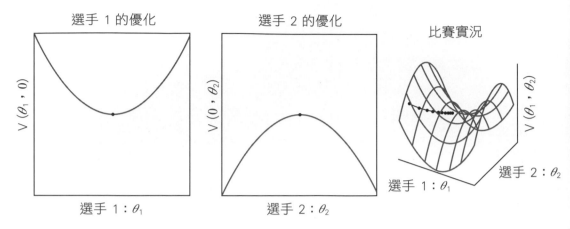

圖 3.3：選手 1（左圖）調整 θ_1 以將 V 最小化，選手 2（中圖）調整 θ_2 以將 -V 最小化（將 V 最大化）。馬鞍形網格（右圖）顯示了參數空間 V (θ_1，θ_2) 中的綜合損失。損失沿著黑點軌跡收斂，在馬鞍形中央（鞍點）達到納許均衡。（來源：Goodfellow, 2019, www.iangoodfellow.com/slides/2019-05-07.pdf）

　　在高維的非凸 (nonconvex) 世界中，要將 GAN 訓練到如此地步絕非易事。即使是 MNIST 資料集這種 28×28 迷你灰階圖片，每張圖片也有 784(28×28) 像素；同樣尺寸的全彩 (RGB) 影像，維度則多 3 倍，也就是 2352 維，要掌握訓練資料集中全部影像的資料分佈相當困難。

　　要成功訓練 GAN，只能不斷嘗試錯誤，儘管方法看似簡單，但它是一門科學，也是一門藝術，第 5 章會更深入討論如何讓 GAN 收斂。不過你大可放心，情況並沒有聽起來那麼糟。我們在第 1 章已經預告過：即使要模仿的資料超級複雜，或是你對 GAN 的收斂條件仍然一知半解，都不會妨礙 GAN 本身的實用性與生成擬真資料的能力。未來你也會從本書的內容中慢慢了解這點。

3.2 生成器與鑑別器的目標差異

現在我們將之前學到的內容再整理一遍。生成器 (G) 取一組隨機雜訊向量 z 來生成一個假樣本 x*，以數學式來表示：G(z) =x*。然後將真樣本 x 和假樣本 x* 輸入到鑑別器 (D)，而鑑別器則對輸入的資料加以分類 (真或假)。GAN 的運算架構如下圖所示：

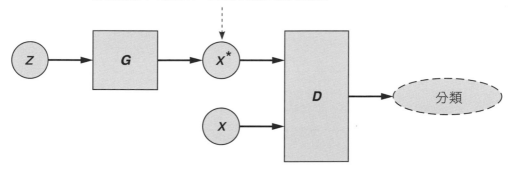

編註： 在訓練 D 時，會分別將 x* 和 x 輸入 D 做訓練，而且 x*、x 所搭配的標籤分別為 0、1 (讓 D 學習判斷真假)。在訓練 G 時，則只會將 x* 輸入到 D 做訓練，此時所搭配的標籤為 1 (希望 x* 可以好到讓 D 誤判為真)。

圖 3.4：生成器 G 將亂數向量 z 轉換為假樣本：G(z) = x*。鑑別器 D 則依照輸入樣本來判斷真假：若輸入樣本為真 (x)，鑑別器的輸出必須愈接近 1 愈好；若輸入樣本為假 (x*)，鑑別器的輸出必須愈接近 0 愈好。相反地，生成器會希望 D(x*) 的鑑別結果盡可能接近 1，這表示鑑別器被假樣本騙過，把它當真的了。

▌3.2.1 目標衝突

鑑別器的目標是盡可能準確判斷。若輸入為真樣本 x，D(x) 要盡可能接近 1 (陽性類別)；若輸入為假樣本 x*，D(x*) 要盡可能接近 0 (陰性類別)。

生成器的目標則完全相反，它企圖製造跟訓練資料集很像的假樣本 x* 來魚目混珠，以騙過鑑別器。更明確地說，生成器努力偽造假樣本 x*，使得 D(x*) 盡可能接近 1。

3.2.2 混淆矩陣 (confusion matrix)

混淆矩陣可用來總結所有二元分類的可能結果。鑑別器所有可能的輸出如下：

● **真陽性**：將真樣本正確判定為真；$D(x) \approx 1$

● **偽陰性**：將真樣本誤判為假；$D(x) \approx 0$

● **真陰性**：將假樣本正確判定為假；$D(x^*) \approx 0$

● **偽陽性**：將假樣本誤判為真；$D(x^*) \approx 1$

表 3.1 整理了這些結果。

表 3.1：總結鑑別器輸出的混淆矩陣

輸入	鑑別器輸出	
	接近 1（真）	接近 0（假）
真樣本（x）	真陽性	偽陰性
假樣本（x*）	偽陽性	真陰性

以混淆矩陣的術語重新敘述生成器和鑑別器的行為便是：鑑別器必須盡可能輸出真陽性或真陰性的結果，也就是說將偽陽性和偽陰性減到最少；生成器則盡可能讓鑑別器輸出偽陽性結果——這表示生成器成功用假樣本讓鑑別器誤判為真。生成器只關心鑑別器會不會被假樣本矇騙過去，而不在乎鑑別器能否成功鑑定真樣本。

3.3 GAN 的訓練程序

現在將第 1 章的 GAN 訓練演算法重新描述如下。不過跟第 1 章不同的是，這個程序每次迭代會使用一「小批」(mini-batch) 樣本，而非只用一個樣本。

GAN 訓練演算法

For 每個訓練迭代 *do*

步驟 1.　**訓練鑑別器**：

　　a. 隨機取一小批真樣本：x

　　b. 取一小批隨機雜訊向量 z 生成假樣本：G(z) =x*

　　c. 計算 D(x) 與 D(x*) 的分類損失，再用反向傳播法，根據總誤差調整參數 $\theta^{(D)}$，以將分類損失最小化。

步驟 2.　**訓練生成器**：

　　a. 取一小批隨機雜訊向量 z 生成假樣本：G(*z*) =x*

　　b. 只計算 D(x*) 的分類損失，再用反向傳播法，根據總誤差調整參數 $\theta^{(G)}$，以將分類損失最大化。**編註**：注意！這裡只會調整 $\theta^{(G)}$ 而不會調整 $\theta^{(D)}$，$\theta^{(D)}$ 只有在步驟 1 才做調整。

End for

在訓練鑑別器 (步驟 1) 時，生成器的參數保持不變；同樣地，在訓練生成器 (步驟 2) 時，鑑別器的參數也不變。之所以限制 D 和 G 在訓練時只能調整自身的參數，是為了隔離該網路之外其他參數所造成的影響；如此可確保 D 和 G 都能得到明確的訊號，進而做出相應的調整，不會因另一方的調整而受影響。我們可把它想像成兩名參賽者輪流出招。

但即使是回合制的比賽，也不能保證兩方都會有進展，參賽者也可能把大部份時間都用來拆對方的台，而非讓自己變得更強大 (不是早就說過，GAN 訓練起來很麻煩的嗎？)。我們會在第 5 章討論如何提高訓練成功的機會。

目前先把理論介紹到這邊。現學現賣，這就來實作第一個 GAN。

3.4 實例：生成手寫數字

本實例將製作一個能仿造 MNIST 手寫數字圖片的 GAN。我們會使用 Keras，並以 TensorFlow 為後端。圖 3.5 描述了這個 GAN 的運作架構。

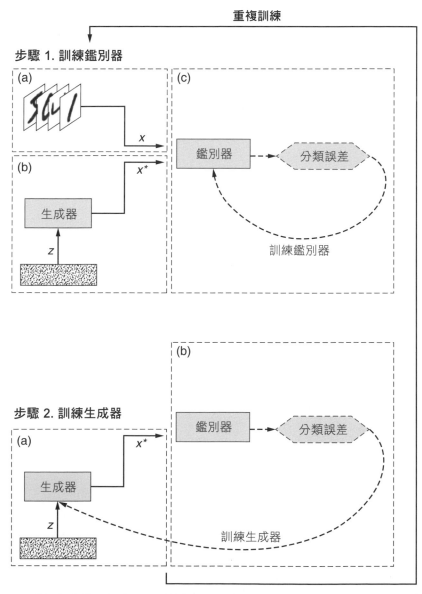

圖 3.5：GAN 的訓練分成兩個步驟：**訓練鑑別器**和**訓練生成器**，整個訓練過程就是不斷重複這兩個步驟。3.3 節 GAN 訓練演算法中的 a、b、c 子步驟也分別標示在圖中了，請自行對照觀看。

　　本實例使用的程式碼 (特別是訓練迭代中的示範程式) 均改編自 Keras 的 GAN 實作範例 Keras-GAN (此開源 GitHub 儲存庫為 Erik Linder-Norn 所作，網址為 https://github.com/eriklindernoren/Keras-GAN)，裡面還包括幾種進階 GAN 變體，其中一些在後面章節會介紹。原始程式碼與神經網路結構已被我們大幅修改並簡化，變數也有重新命名，以便與本書所用的數學式一致。

完整的程式碼 (符合 Jupyter notebook 格式) 可從本書的官方網頁 www.manning.com/books/gans-in-action 或 GitHub 儲存庫 https://github.com/GANs-in-Action/gans-in-action(chapter-3 子目錄) 下載，完整版中也包含了訓練過程的視覺化輸出。程式碼測試環境為 Python3.6.0、Keras 2.1.6、TensorFlow 1.8.0。

★ **小編補充** 小編在 Colab 中使用 Keras 2.4.3、Tensorflow 2.3.0、Python3.6.9 可以正常執行本章範例程式。若使用其他版本而出現「ModuleNotFoundError: No module ⋯layers.advanced_activations」的錯誤，可試著將程式 3.1 中倒數第 3 行中的「.advanced_activations」刪除看看。

讀者若對 Keras 不熟，可參考旗標出版的「tf.keras 深度學習攻略手冊」或「深度學習必讀：Keras 大神帶你用 Python 實作」二書，皆有 Keras 的詳細實作說明。

3.4.1 匯入模組並設定模型輸入維度

首先匯入模型需要的套件和函式庫，並從 keras.datasets 匯入 MNIST 手寫數字資料集物件。

程式 3.1 調用模組

```
%matplotlib inline

import matplotlib.pyplot as plt
import numpy as np

from keras.datasets import mnist
from keras.layers import Dense, Flatten, Reshape
from keras.layers.advanced_activations import LeakyReLU
from keras.models import Sequential
from keras.optimizers import Adam
```

接著設定模型和資料集的輸入維度，MNIST 的每張圖片都是單層 (1 個 channel，灰階) 28×28 像素。變數 z_dim 為雜訊向量 z 的長度。

模型輸入層的維度設定

```
img_rows = 28
img_cols = 28
channels = 1

img_shape = (img_rows, img_cols, channels)  ←── 圖片的 shape

z_dim = 100  ←── 指定隨機雜訊向量的長度
```

再來是建立生成器和鑑別器的神經網路。

3.4.2 實作生成器

　　生成器會將輸入的亂數向量 z 轉成 28×28×1 的假圖片；為簡單起見，此神經網路只用雙層神經網路架構：包含一個隱藏層和一個輸出層。隱藏層的激活函數設為 Leaky ReLU；一般 ReLU 函數遇到負值輸入時只會輸出 0，而 Leaky ReLU 則將負值輸入改用一個不太大的非零斜率（例如 0.01）來轉換，以防止梯度在訓練過程中消失，進而改善訓練結果。

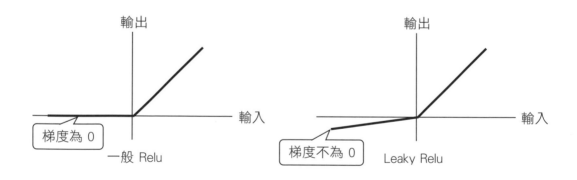

　　至於輸出層是使用 tanh 作為激活函數，將輸出值限縮在 [-1,1] 的範圍內。之所以不直接用 sigmoid 輸出介於 0 到 1 的值，是因為 tanh 產生的圖片更清晰。

生成器的實作部份如下：

程式 3.3 生成器

```
def build_generator(img_shape, z_dim):
    model = Sequential()

    model.add(Dense(128, input_dim=z_dim))  ⟵  建立全連接層（隱藏層）

    model.add(LeakyReLU(alpha=0.01))  ⟵  指定 Leaky ReLU 為隱藏層
                          ↑              的激活函數
           遇負數時要乘以此數做為輸出

    model.add(Dense(28 * 28 * 1, activation='tanh'))  ⟵
                                          建立輸出層，指定
                                          tanh 為激活函數

    model.add(Reshape(img_shape))  ⟵  重塑生成器的輸出 shape，
                                       使其符合圖片維度

    return model
```

▌3.4.3 實作鑑別器

鑑別器會分析輸入圖片 $(28 \times 28 \times 1)$ 並輸出是否為真的機率。這裡採用雙層神經網路架構：包括一個有 128 節點、激活函數為 Leaky ReLU 的隱藏層，和一個用 sigmoid 做為激活函數的輸出層。

為簡單起見，本例的鑑別器結構大致與生成器相同，但不是所有的 GAN 都得這樣；在大多數情況下，生成器和鑑別器的神經網路架構會差很多，無論是大小還是複雜度方面都是。

這裡鑑別器輸出層所使用的激活函數與生成器不同，是使用 sigmoid 以輸出一個介於 0 到 1 之間的值，代表輸入圖片為真的機率，如下面程式：

程式 3.4 鑑別器

```
def build_discriminator(img_shape):
    model = Sequential()

    model.add(Flatten(input_shape=img_shape))    ← 將輸入圖片「展平」
                                                     (拉成一維)
    model.add(Dense(128))    ← 建立全連接層(隱藏層)

    model.add(LeakyReLU(alpha=0.01))    ← 激活函數設為Leaky ReLU

    model.add(Dense(1, activation='sigmoid'))    ← 建立輸出層,並指定
                                                     sigmoid 為激活函數
    return model
```

3.4.4 建立並編譯訓練所需的模型

前面已經將生成器與鑑別器設計好了,現在要用它們來建立訓練所需的模型,並進行編譯,如程式 3.5。請注意,鑑別器是用一組獨立編譯的模型來訓練;而生成器則是將兩組神經網路組合成一個名為 gan 的模型,並鎖住鑑別器的參數來訓練 (將鑑別器的 discriminator.trainable 設為 False,使參數不能更改)。

程式 3.5 建立與編譯 GAN

```
編註: 定義「用生成器及鑑別器建立 gan 模型」的函式
def build_gan(generator, discriminator):
    model = Sequential()

    model.add(generator)        ┐  這裡是重點!將生成器與
    model.add(discriminator)    ┘  鑑別器組合為一個模型

    return model
---------------------------------------  以下開始建立及編譯模型,如有
                                          疑問可以和前面的圖 3.5 比對看看
編註: 建立鑑別器模型,然後編譯
discriminator = build_discriminator(img_shape)    ┐
discriminator.compile(loss='binary_crossentropy', │
                      optimizer=Adam(),            ├ 建立並編譯鑑別器
                      metrics=['accuracy'])        ┘
```

編註： **鎖定**上面的鑑別器模型，然後建立生成器模型，再用這 2 個模型建立 **gan 模型**，然後編譯

```
discriminator.trainable = False ←── 將鑑別器的參數鎖
                                     住以便訓練生成器

generator = build_generator(img_shape, z_dim) ←── 建立生成器

gan = build_gan(generator, discriminator)
gan.compile(loss='binary_crossentropy', optimizer=Adam())
```

將鎖住的鑑別器與生成器組合成 **gan 模型**，然後編譯。此模型是用來訓練生成器

★ **小編補充** 在變更模型的 trainable 屬性後，必須經過編譯才會生效。因此前面在編譯 discriminator 模型時，其 trainable 屬性為預設的 True，所以並未被鎖住；之後將其 trainable 設為 False，再加到 gan 模型中進行編譯，因此 gan 中的 discriminator 為鎖定狀態。這 2 個模型雖然共用 discriminator（共用同一組權重參數），但鎖定狀態是不同的。

訓練用的損失函數為二元交叉熵（binary_crossentropy），此函數是專門用來評估二元分類時預測機率與實際結果的差距，所以鑑別器的訓練目標當然是讓它越小越好。交叉熵損失越大，預測與真實結果的距離就越遠。**編註：** 稍後在訓練鑑別器時，真圖片所附的標籤為 1 而假圖片為 0（見下頁的程式），因此損失要越小越好。而在訓練生成器時，假圖片所附的標籤會改成 1，所以鑑別器的損失同樣是越小越好，也就是越接近 1（判為真）越好。

兩個神經網路都是以 Adam (Adaptive Moment Estimation) 演算法做優化，這是一種基於梯度下降法的進階優化器。由於 Adam 的優化效能很好，已被大多數 GAN 架構採用。

▌3.4.5 撰寫訓練用的函式

程式 3.6 定義一個訓練 GAN 的 train() 函式，函式中會先載入 MNIST 資料集，並進行預處理（ **編註：** 底下函式會先列出前半並解說，下一頁再介紹後半）：

程式 3.6 撰寫用來訓練鑑別器及生成器的函式

```
losses = []
accuracies = []
iteration_checkpoints = []

def train(iterations, batch_size, sample_interval):

    (X_train, _), (_, _) = mnist.load_data()   ◄─── 載入 MNIST 資料集


                                        這 3 個後面不會再用到的變數，
                                        通常會以底線做為變數名稱來表示

    X_train = X_train / 127.5 - 1.0   ◄─────────── 將灰階像素值從範圍
    X_train = np.expand_dims(X_train, axis=3)   [0,255] 轉換到 [-1,1]

    real = np.ones((batch_size, 1))   ◄─── 將真圖片的標籤設為 1

    fake = np.zeros((batch_size, 1))   ◄─── 將假圖片的標籤設為 0       接下頁
```

上面會將訓練資料集的真圖片像素值，全部換算成介於 -1 到 1 的值。回頭看程式碼便能理解這麼做的原因：生成器輸出層的激活函數是 tanh，其輸出的假圖片像素值是落在 (-1,1) 的範圍，因此真圖片的像素值範圍也要轉換到 (-1,1) 之間，鑑別器才能在相同的數值範圍內比較其差異。

程式接著將樣本圖片用 1 與 0 編碼標示真假：1 為「真」，0 為「假」。鑑別器要學習怎麼給樣本貼上對的標籤：真圖要盡量接近 1，假圖則要盡量接近 0；生成器則要學習如何讓鑑別器把「1」標籤錯貼到假圖上，也就是要讓鑑別器的輸出盡量接近 1。

train() 函式的後半會用一個 for 迴圈來進行訓練（見下面程式）：先隨機取一批 MNIST 圖片作為真圖片，再取一批隨機雜訊向量 z 來生成假圖片，然後用這些真、假圖片訓練鑑別器模型；接著生成一批假圖片，並用它們來訓練 gan 模型，此模型包含生成器及鎖住參數的鑑別器，因此只有生成器會被訓練到。每次迭代都重複以上操作。

```
for iteration in range(iterations):
                                              ← 隨機挑選一批真圖片
    idx = np.random.randint(0, X_train.shape[0], batch_size)
    imgs = X_train[idx]
                          ← 直接從標準常態分佈 (平均值
                            為 0，標準差為 1) 中取樣
    z = np.random.normal(0, 1, (batch_size, 100))
    gen_imgs = generator.predict(z)          ← 生成一批假圖片

                                              訓練鑑別器，真圖片 (imgs)
                                              的標籤設為 1(real)，假圖片
                    ← Keras 的內建 method      (gen_imgs) 的標籤設為 0(fake)
    d_loss_real = discriminator.train_on_batch(imgs, real)
    d_loss_fake = discriminator.train_on_batch(gen_imgs, fake)
    d_loss, accuracy = 0.5 * np.add(d_loss_real, d_loss_fake)
                                              ← 記錄平均損失值與準確率
    # 以下開始訓練生成器
    z = np.random.normal(0, 1, (batch_size, 100))
                                              ← 生成一批標準常態分佈的雜訊向量

    g_loss = gan.train_on_batch(z, real)
                                              ← 訓練 gan 內的生成器，並將標籤設為真

    if (iteration + 1) % sample_interval == 0:      每隔一定迭代
                                                    次數就記錄損
        losses.append((d_loss, g_loss))             失和準確率，
        accuracies.append(100.0 * accuracy)         訓練結束後便
        iteration_checkpoints.append(iteration + 1) 能繪出變化圖
```

接下頁

3

你的第一個 GAN：生成手寫數字

```
        print("%d [D loss: %f, acc.: %.2f%%] [G loss: %f]" %
              (iteration + 1, d_loss, 100.0 * accuracy, g_loss))
```

在螢幕上顯示訓練過程

```
        sample_images(generator)
```
← 生成圖片並顯示出來

▌3.4.6 顯示生成的圖片

在上面的訓練程序中，你可能已經注意到結尾的 sample_images() 函式。
此函式可以輸出 4×4 個生成器合成的圖片；當迭代次數為 sample_interval
的倍數時便會被呼叫。程式跑完後，我們可透過這些輸出圖片，了解全程的
變化。

程式 3.7 生成圖片並顯示出來

```
def sample_images(generator, image_grid_rows=4,
                  image_grid_columns=4):

    z = np.random.normal(0, 1, (image_grid_rows *
                                image_grid_columns, z_dim))
```
取一組隨機雜訊

```
    gen_imgs = generator.predict(z)
```
← 用這組隨機雜訊生成圖片

└─ 值在 [-1, 1] 之間

```
    gen_imgs = 0.5 * gen_imgs + 0.5
```
← 將像素值範圍換算至 [0,1]

└─ 變成 [-0.5, 0.5]

```
    fig, axs = plt.subplots(image_grid_rows,
                            image_grid_columns,
                            figsize=(4, 4),
                            sharey=True,
                            sharex=True)
```
← 設定使用 4×4 的子圖
  表來顯示 16 張圖片

接下頁

```
    cnt = 0
    for i in range(image_grid_rows):
        for j in range(image_grid_columns):
            axs[i, j].imshow(gen_imgs[cnt, :, :, 0], cmap='gray')  ◄──────┐
                                                              將圖片輸出至子圖表
            axs[i, j].axis('off')
            cnt += 1
```

▊ 3.4.7 開始訓練模型

最後的步驟是設定迭代次數和批次量大小，然後開始訓練模型，如程式 3.8。迭代次數跟批次量該設多少，其實沒有一定標準；我們只能在訓練中邊觀察邊反覆試驗來決定。

程式 3.8 開始訓練模型

```
iterations = 20000       ┐
batch_size = 128         ├── 設定超參數
sample_interval = 1000   ┘

train(iterations, batch_size, sample_interval)  ◄───────
                                       用指定的迭代次數訓練 GAN
```

但這兩個參數不是想設多少就設多少：整批資料的大小不能超過記憶體的負擔上限 (一般會選用的批次量大小為 2 的 N 次方：如 32、64、128、256 或 512)；迭代次數也不能設太大，因為迭代次數越多，訓練過程就越久。像 GAN 這樣複雜的深度學習模型，即使有強大的計算能力也會很花時間，而我們通常希望能盡快看到結果，以便能更有效率地進行各種不同的調整與試驗。

我們會監控訓練的損失變化來決定適當的迭代次數，一旦損失變化趨近平穩，即使繼續迭代下去，得到的改善也很有限，不如停下來。

3.4.8 檢查結果

　　從圖 3.6 中的生成圖片樣本，可看出生成器隨著訓練逐漸進化。

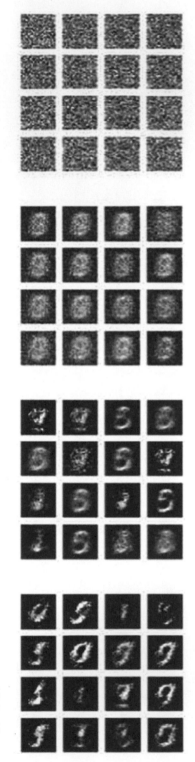

剛開始訓練時

訓練結束時

圖 3.6：生成器從零開始模仿訓練資料集的特徵：最初只是隨機雜訊，後來越來越有手寫數字的樣子。

　　如圖所見，生成器一開始合成的圖片只比隨機雜訊好一點。隨著訓練次數不斷增加，它越來越能掌握訓練資料的特徵。不管鑑別器是否正確分辨真假，生成器都能從每次的鑑別結果知道改進方向。圖 3.7 展示的圖片樣本，是來自充分訓練過的生成器。

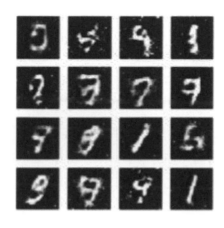

圖 3.7：儘管離完美還有距離，但這個簡單的生成器已經稍微能模仿人類手寫的數字，例如 9 和 1。

　　圖 3.8 是從 MNIST 資料集隨機選擇的圖片，兩邊一比就清楚看出差異了。

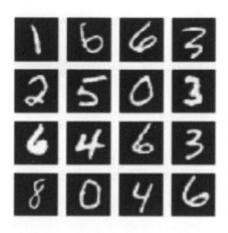

圖 3.8：來自 MNIST 資料集的真手寫數字，GAN 便是以此為樣本訓練。儘管生成器在模擬訓練資料方面有長足進步，但產生出的數字仍與真人寫的有明顯區別。

3.5 結語

　　儘管我們的 GAN 模型所生成的結果還不完美，但至少大部份還看的出來是數字——這可是很厲害的成就，因為我們的生成器與鑑別器都只有使用最簡單的雙層網路架構。在下一章會用更複雜、功能更強大的神經網路架構 (卷積神經網路，convolutional neural networks) 來實作生成器和鑑別器，以提高生成圖片的品質。

重點整理

- GANs 由兩組神經網路組成：生成器（G）與鑑別器（D），它們各有自己的損失函數：$J^{(G)}(\theta^{(G)}, \theta^{(D)})$ 和 $J^{(D)}(\theta^{(G)}, \theta^{(D)})$。

- 在訓練過程中，生成器和鑑別器都只能各自調整自己的參數：$\theta^{(G)}$ 和 $\theta^{(D)}$。

- GAN 內部的兩個神經網路是以競爭的方式一起學習：生成器試圖讓鑑別器的偽陽性結果（將生成圖片誤判為真）最大化，而鑑別器則努力讓偽陽性或偽陰性的結果愈少愈好。

★ 小編補充 在訓練生成器時也有一個重點不可忘記，就是由於生成器必須依靠「鑑別器的回饋」來訓練，因此我們通常會將「生成器」和「鎖住參數的鑑別器」組合為一個模型，然後用此模型來訓練生成器。此時只有生成器的參數會被優化，而鑑別器的參數則不會改變。

chapter

深度卷積 GAN
（DCGAN）

本 章 內 容

- 了解卷積神經網路背後的重要概念

- 使用批次正規化

- 實作進階的 GAN 架構—深度卷積 GAN

在上一章的 GAN 範例中，我們只用最基本的單隱藏層來建立生成器和鑑別器。雖然模型很簡陋，但經過充分訓練後，生成出來的手寫數字影像還是挺有模有樣的。雖然有些分不出來是什麼字，但從線條看起來都很像是真人手寫的，能夠從一開始輸入的隨機雜訊變成這樣，這結果算是很好了。

那麼若改用更強大的神經網路架構，結果會有多威呢？本章就來做給你看：我們會改用**卷積神經網路**（Convolutional Neural Networks，CNN 或 ConvNets）來建構生成器與鑑別器，並組合成所謂的**深度卷積 GAN**（Deep Convolutional GAN，簡稱 **DCGAN**）架構。

在實作 DCGAN 之前，我們會先回顧一下 CNN 的重要概念，以及 DCGAN 背後的歷史，接著介紹讓 DCGAN 這種複雜結構能付諸實行的關鍵突破：**批次正規化**（batch normalization）。

4.1 卷積神經網路（CNN）

　　如果你之前接觸過卷積神經網路最好，但就算沒碰過也沒關係。我們會在本節回顧所有重要的概念，為本章與之後各章的內容做熱身。

▌4.1.1 卷積濾鏡（Convolutional filter）

　　一般前饋神經網路是全連接層，神經元呈平面分佈；而 CNN 的卷積神經層卻是立體（3 維，即寬度 × 高度 × 深度）結構。整個卷積操作的流程很簡單，只要用**濾鏡**（filter）把上一層傳來的輸入資料（若為輸入層則是 3 維的圖片像素值）從頭到尾掃過一遍就好。濾鏡的視野（receptive field，即寬 × 高，或稱為感受域）相對於輸入資料來說小很多，但可沿著輸入資料移動，遍及所有的輸入資料（參見下頁的圖 4.1）。

◆ 小編補充 前饋神經網路是指資料由輸入到輸出都是單向傳播的神經網路，有別於 RNN 循環神經網路的回饋傳播機制。

　　濾鏡每移動一步，都會對所覆蓋的輸入資料算出一個**激活值**（activation value），一般是將輸入資料與濾鏡元素做點積（dot product，**編註：**這裡是將對應元素相乘後再加總，結果為純量）。濾鏡一步步掃遍整個輸入資料後，所有**激活值**就能構成一張 2 維的**特徵圖**（feature map）。最後再把所有濾鏡輸出的特徵圖疊在一起，便能生成立體的輸出資料，其深度（層數）和濾鏡數量相同（因為每個濾鏡都會輸出一張特徵圖）。

4.1.2 將 CNN 的概念視覺化

若聽完以上說明還是一頭霧水，那我們就把這些概念視覺化，這樣會具體一點。圖 4.1 是卷積的分解動作；至於輸入資料如何透過 CNN 的卷積操作產成立體輸出，可參考圖 4.2。

圖 4.1 描述單一濾鏡如何在 2 維的輸入資料上進行卷積操作。不過在一般實作時，輸入資料通常會是 3 維（寬、高、層數（或深度）），而濾鏡也會有許多個。但不管輸入資料有多少層，基本原理都一樣：濾鏡每走一步就產生一個值，走完全部資料就可組出一張特徵圖。將所有濾鏡在輸入資料上產生的特徵圖疊在一起即為輸出，因此輸出資料的層數（深度）是由濾鏡數量來決定。可參考圖 4.2 所示。

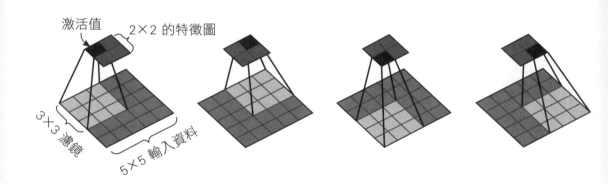

圖 4.1：在這個 5×5 輸入資料上，用一個 3×3 卷積濾鏡從左到右、從上到下掃過。濾鏡一次會移動兩格，所以總共會移動四次，最終產生 2×2 的特徵圖。注意，濾鏡每次移動都會產生一個激活值。

（來源："A Guide to Convolution Arithmetic for Deep Learning" by Vincent Dumoulin and Francesco Visin, 2016, https://arxiv.org/abs/1603.07285。）

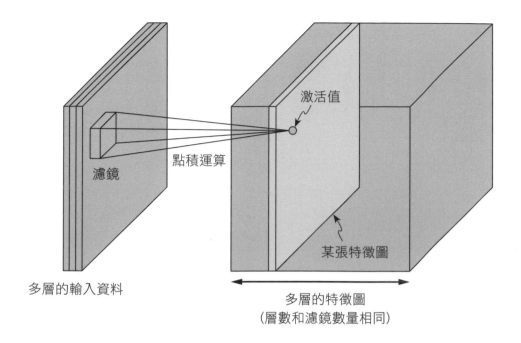

圖 4.2：濾鏡在輸入資料任何區域的卷積操作（點積運算），其結果都會輸出為某張特徵圖上的某個激活值。別忘了，CNN 的濾鏡運算直達輸入資料的每一層；至於輸出資料的深度，就是所有特徵圖疊在一起的層數。（來源：˝Convolutional Neural Network˝ by Nameer Hirschkind et al., Brilliant.org, retrieved November 1, 2018, http://mng.bz/8zJK。）

★ **注意** 本節只是用很短的篇幅對 CNN 做複習，若你想更深入了解 CNN 及其背後的原理，建議你去看 François Chollet 的書：《Deep learning 深度學習必讀：Keras 大神帶你用 Python 實作》，書中會逐步解說所有深度學習方面的重要概念（亦涵蓋 CNN）。對想鑽研學術方面的讀者，Andrej Karpathy 在史丹福大學有開一門很棒的課：《用卷積神經網路做視覺辨識》（Convolutional Neural Networks for Visual Recognition，http://cs231n.github.io/convolutional-networks/）。

4.2 DCGAN 簡史

　　DCGAN 是由 Alec Radford、Luke Metz 與 Soumith Chintala 於 2016 年共同提出，這是 GAN 自 2014 年問世以來，早期最重要的創新之一[1]。這是首次有研究小組把 CNN 全面整合到 GAN 模型，雖說將 GAN 與 CNN 混搭並非他們的創舉。

　　不過 CNN 很容易導致模型的不穩定性（instability）升高、梯度飽和（gradient saturation）等問題，進而阻礙 GAN 的訓練。為了克服這些困難，有些研究人員提出一些替代方案，例如 LAPGAN 模型是使用拉普拉斯金字塔（Laplacian pyramid）型態的瀑布式訓練：以 CNN 分階段處理影像，再依照不同階段用處理好的影像來訓練對應的 GAN 框架[2]。若你完全聽不懂我在說什麼也沒關係，長江後浪推前浪，LAPGAN 已經漸漸淹沒在歷史洪流中，所以不懂它的結構也無所謂。

　　儘管 LAPGAN 的程序繁瑣、複雜且計算耗時，但它在發表之際，其生成的影像在畫質方面完勝其他模型，跟原始 GAN 相比改進幅度多達四倍（生成出的影像中有 40% 被真人誤判為真，原始 GAN 則只有 10% 被誤判為真）。GAN 與 CNN 結合的潛力由此可見。

　　Radford 和他的合作者採用了一些技術與優化方法，在無需修改 GAN 基本架構的前提下，也能與 CNN 整合，這就是 DCGAN；有了它以後，就沒必要再使用那些硬把 GAN 降級為副程式的複雜模型（如 LAPGAN）。Radford 等人採用的關鍵技術之一是**批次正規化**（batch normalization），這種技術是將輸入的批次資料，在正向傳播的每一層都做正規化處理，以穩定訓練過程。現在就來詳細介紹批次正規化以及其原理。

註 1：參見 "Unsupervised Representation Learning with Deep Convolutional Generative Adversarial Networks" by Alec Radford et al., 2015, https://arxiv.org/abs/1511.06434。

註 2：參見 "Deep Generative Image Models Using a Laplacian Pyramid of Adversarial Networks" by Emily Denton et al., 2015, https://arxiv.org/abs/1506.05751。

4.3 批次正規化（Batch normalization）

批次正規化是由 Google 研究學者 Sergey Ioffe 與 Christian Szegedy 於 2015 共同發表 **註3**。這個獨創的見解其實概念上很簡單：既然資料在一開始輸入神經網路前要正規化，那麼批次資料在層層傳遞時也應該正規化。

▋4.3.1 了解正規化

這裡先說明什麼是正規化，以及為何我們要先對輸入資料做正規化，然後再做後續的處理。正規化是指將資料數據平移並按比例縮放，使數值能集中在原點附近（平均值為 0，標準差為 1）。只要將每筆資料 x 減去**平均值** μ，再除以**標準差** σ 即可，如公式 4.1。

$$\hat{x} = \frac{x - \mu}{\sigma}$$

（公式 4.1）

將資料正規化有很多好處，最重要的是：若是不同特徵間的數值相差懸殊，縮放成統一比例後，特徵之間才能合理的比較，使得訓練不會因為某特徵的劇烈變化而失去穩定性。

而批次正規化背後的想法是：在處理多層結構的深度神經網路時，光把輸入資料正規化可能還不夠。資料一旦進入神經網路，每經過一層，多少會被該層的可訓練參數縮放大小；而參數又隨著反向傳播逐漸調整，因此每一層輸入資料的分佈狀況容易在一次次的訓練迭代中產生變化，進而破壞學習過程的穩定性。學術上把這個問題稱作**協變量偏移**（covariate shift，**編註：** 就是指在訓練期間各層輸入值的資料分佈狀況不斷發生變化）。批次正規化便是將資料以批次為單位做正規化處理（就是每次只針對當前批次的資料做正規化，而不考慮批次以外的其他資料）以解決這個問題：先算出當前這批資料的平均值與標準差，再以此為基礎將這批資料換算為「平均值 0、標準差 1」的資料。

註3：參見 "Batch Normalization: Accelerating Deep Network Training by Reducing Internal Covariate Shift" by Sergey Ioffe and Christian Szegedy, 2015, https://arxiv.org/abs/1502.03167。

▌4.3.2 批次正規化計算

批次正規化在計算上跟前面介紹的簡單正規化公式不太一樣。本節會逐步說明。

假設手上有一批次的資料 x，其平均值與變異數（均方誤差，**編註：**將變異數開根號即為標準差）分別為 μ 與 σ^2，則正規化數值 $\hat{x}$ 的計算如公式 4.2 所示：

$$\hat{x} = \frac{x - \mu}{\sqrt{\sigma^2 + \varepsilon}}$$ （公式 4.2）

為了避免分母為 0 的情況，我們在分母加上一個很小的正值常數 ε（例如 0.001），以確保不會發生除以 0 的狀況。

此外，批次正規化不會直接把正規化後的數值拿來用，而是把數值乘以 β 再加上 β，然後才讓它進入下一層，見公式 4.3。（**編註：**也就是將資料分佈由「平均值 0、標準差 1」改為「平均值 β、標準差 γ」。）

$$y = \gamma\hat{x} + \beta$$ （公式 4.3）

重點在於，**γ 和 β 都是神經網路的可訓練參數**，就跟權重與偏值一樣，會隨著訓練而調整。會這樣設計的原因是：給神經網路一點平移或縮放的空間，讓輸入數值在過渡期間不必老是侷限在「平均值為 0，標準差為 1」這種分佈，應該會對訓練有幫助。由於 γ 和 β 都是可訓練參數，神經網路可從訓練中逐漸得知怎麼調整最好。

幸運的是，現在我們根本不用煩惱這些數學式。Keras 內建的 keras. layers.BatchNormalization 神經層會在幕後幫忙處理這些批次計算。

　　由於批次正規化的轉換，可讓前一層的參數調整不至於會對後一層輸入資料的分佈產生太大影響。這樣可以減少各層參數間任何不必要的依賴性，進而加速訓練的收斂過程，並強化神經網路體質以應付可能的變化，尤其是在初始化神經網路參數時（**編註：**就是能降低各參數初始值對訓練的影響）。

　　批次正規化是許多深度學習架構（包括 DCGAN，我們下一節就會實作）能付諸實現的重要關鍵。

4.4 實例：用 DCGAN 生成手寫數字

現在，我們再來重玩一次第 3 章的 MNIST 手寫數字資料集。不過這次我們會套用 DCGAN 架構，將生成器與鑑別器的內部結構改成卷積神經網路。至於整個 GAN 的基本架構則保持不變，如圖 4.3 所示。在本實例的最後，我們會比較兩種 GAN（傳統 GAN 與 DCGAN）生成的手寫數字，以便讓你親眼看到使用進階神經網路架構所帶來的進步。

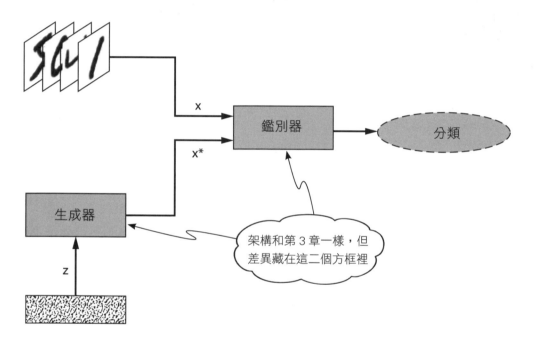

圖 4.3：本實例的 GAN 基本模型架構跟第 3 章裡的一樣。唯一的差別（在此示意圖上看不到）是生成器和鑑別器神經網路的內部邏輯（藏在灰色方框裡面），稍後會詳細介紹。

同第 3 章，本實例的程式碼是來自 Erik Linder-Norn 為 Keras 建立的 GAN 模型開源 GitHub 儲存庫（https://github.com/eriklindernoren/Keras-GAN），但為了改善實作細節與神經網路架構，程式碼已做了大幅的修改。範例程式（符合 Jupyter notebook 格式）可從本書的官方網頁 www.manning.
com/books/gans-in-action 或 GitHub 儲存庫 https://github.com/GANs-in-
Action/gans-in-action（chapter-4 子目錄）下載，完整版範例程式中亦包含
訓練過程的視覺化輸出結果。程式碼測試環境為 Python3.6.0、Keras 2.1.6、
TensorFlow 1.8.0。執行時強烈建議開啟 GPU 以加速訓練過程。

> **★ 小編補充** 小編在 Colab 中使用 Keras 2.3.1、Tensorflow 2.2.0、Python3.6.9 可以
> 正常執行本章範例程式。若使用其他版本而出現「ModuleNotFoundError: No module
> …layers.xxx'」的錯誤，可試著將底下程式 4.1 倒數第 3、4 行中的 .advanced_
> activations、.convolutional 都刪除掉。若出現生成器無法進步（只會生成雜訊圖）的
> 狀況，可將 Adam 優化器更換為 RMSprop 試看看。

▍4.4.1　匯入模組並設定模型輸入的維度

首先當然是匯入程式需要的套件和類別。同第 3 章，MNIST 的手寫數字
資料集可直接從 keras.datasets 匯入。

程式 4.1　匯入模組

```
%matplotlib inline

import matplotlib.pyplot as plt
import numpy as np

from keras.datasets import mnist
from keras.layers import (Activation, BatchNormalization,
                          Dense, Dropout, Flatten, Reshape)
from keras.layers.advanced_activations import LeakyReLU
from keras.layers.convolutional import Conv2D, Conv2DTranspose
from keras.models import Sequential
from keras.optimizers import Adam
```

> 比第 3 章多匯入了粗體的項目

接著設定模型輸入的維度：圖片的尺寸、雜訊向量的長度。

程式 4.2 　設定模型輸入維度（這裡和第 3 章完全一樣）

```
img_rows = 28
img_cols = 28
channels = 1

img_shape = (img_rows, img_cols, channels)    ← 設定圖片維度

z_dim = 100    ← 設定雜訊向量長度，此向量為生成器的輸入
```

4.4.2　實作 DCGAN 的生成器

　　一直以來，CNN 多被用來做影像分類；輸入維度為「高度 × 寬度 × 顏色通道數」的影像資訊後，通過一系列的卷積層，最後輸出一個向量表示的分類結果（維度為 $1×n$，n 是分類標籤的數量）。但要用 CNN 生成影像，就得逆向操作：不是把影像變成向量，而是把向量變成影像。

　　整個生成器的操作是用**轉置卷積**（transposed convolution）進行。一般卷積是縮短輸入的寬度和高度，並增加其深度，轉置卷積則是反過來：減少深度，但是增加寬度和高度。整個生成器神經網路的操作如圖 4.4 所示。

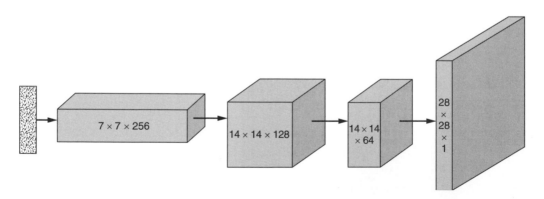

圖 4.4：生成器取一組隨機雜訊向量作為輸入，最後輸出 28×28×1 的影像。整個過程是用多層轉置卷積實現，各卷積層之間使用**批次正規化**來穩定訓練過程。（圖中的卷積層並未按照比例描繪）

生成器先從雜訊向量 z 下手，用全連接層將它拓展成一條基底（寬 × 高）很小但深度很大的 3 維隱藏層。然用轉置卷積逐步延展，基底越拉越大，深度越縮越小，直到維度跟我們要生成的影像一樣為止（即 $28 \times 28 \times 1$）。每做完一次轉置卷積，都要將資料批次正規化，再通過 Leaky ReLU 激活函數將資料傳遞到下一層；但最後一層不做批次正規化，直接通過 tanh 激活函數後輸出結果。

把所有步驟總結起來如下：

❶ 取一組隨機雜訊向量，並使用全連接層及 reshape 層將它拓展成 **7×7×256** 張量。

❷ 使用轉置卷積，將張量從 $7 \times 7 \times 256$ 轉換成 **14×14×128**。

❸ 進行**批次正規化**，然後通過 Leaky ReLU 激活函數。

❹ 使用轉置卷積，將張量從 $14 \times 14 \times 128$ 轉換成 **14×14×64**。不想改變寬度和高度的話，可將 Conv2DTranspose 的 stride 參數設為 1。

主要就是在原本 GAN 的生成器加入 CNN 的部份

❺ 進行**批次正規化**，然後通過 Leaky ReLU 激活函數。

❻ 使用轉置卷積，將張量從 $14 \times 14 \times 64$ 轉換成符合圖片的維度，**28×28×1**。

❼ 通過激活函數 tanh。

以 Keras 實作這個生成器的過程，如下面程式所示。

程式 4.3 DCGAN 生成器

```python
def build_generator (z_dim):

    model = Sequential ()                                   ❶ 用全連接層將輸入拓
                                                               展為 7×7×256 張量
    model.add (Dense (256 * 7 * 7, input_dim=z_dim))
    model.add (Reshape ((7, 7, 256)))

    model.add (Conv2DTranspose (128, kernel_size=3, strides=2,
              padding='same'))
                                                ❷ 轉置卷積層，將張量從
                                                   7×7×256 轉換成 14×14×128
    model.add (BatchNormalization ())    ◀── ❸ 批次正規化

    model.add (LeakyReLU (alpha=0.01))   ◀── ❸ 通過激活函數 Leaky ReLU

    model.add (Conv2DTranspose (64, kernel_size=3, strides=1,
              padding='same'))
                                                ❹ 轉置卷積層，將張量從
                                                   14×14×128 轉換成 14×14×64
    model.add (BatchNormalization ())    ◀── ❺ 批次正規化

    model.add (LeakyReLU (alpha=0.01))   ◀── ❺ 通過激活函數Leaky ReLU

    model.add (Conv2DTranspose (1, kernel_size=3, strides=2,
              padding='same'))
                                                ❻ 轉置卷積層，將張量從
                                                   14×14×64 轉換成 28×28×1
    model.add (Activation ('tanh'))      ◀── ❼ 通過激活函數 tanh 輸出結果

    return model
```

4.4.3 實作 DCGAN 的鑑別器

　　鑑別器是使用 CNN，它可以分析輸入影像，並輸出一組向量預測分類結果，不過本例是二元分類，所以只需輸出一個數值來預測是真是假。圖 4.5 簡述了這個鑑別器神經網路的架構。

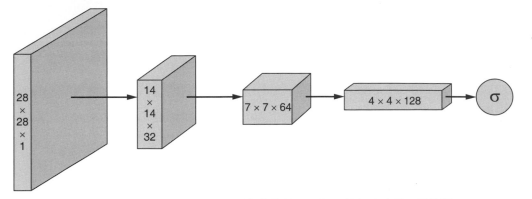

圖 4.5：鑑別器取一 28×28×1 影像作為輸入，經過數個卷積層，最後通過激活函數 sigmoid 輸出最後結果 σ（影像為真的機率）。各卷積層之間，同樣是用批次正規化來穩定訓練過程（圖中的卷積層並未按照比例描繪）。

鑑別器一開始輸入的資料為 28×28×1 影像，而資料經過層層卷積後，基底（寬 × 高）越來越小，深度越來越大。所有卷積層都以 Leaky ReLU 為激活函數，並且在傳入激活函數之前會先做批次正規化（但第一卷積層不做批次正規化）。最後再使用全連接層搭配 sigmoid 激活函數，輸出最後結果。

所有步驟總結起來如下：

❶ 使用卷積層，將輸入影像張量從 28×28×1 轉換成 **14×14×32**。

❷ 通過激活函數 Leaky ReLU。

❸ 使用卷積層，將張量從 14×14×32 轉換成 **7×7×64**。

❹ 進行**批次正規化**，然後通過激活函數 Leaky ReLU。

❺ 使用卷積層，將張量從 7×7×64 轉換成 **4×4×128**。

❻ 進行**批次正規化**，然後通過激活函數 Leaky ReLU。

❼ 將 4×4×128 張量展平為長 **2048**（4*4*128）的一維向量。

❽ 使用全連接層並通過 **sigmoid** 激活函數，輸出影像為真的機率。

> 主要就是在原本 GAN 的鑑別器加入 CNN 的部份

以 Keras 實作這個鑑別器的過程，如下面程式所示。

程式 4.4 DCGAN 鑑別器

```python
def build_discriminator (img_shape):

    model = Sequential ()


    model.add (    ←    ❶ 卷積層，將張量從 28×28×1 轉成 14×14×32
        Conv2D (32,
                 kernel_size=3,
                 strides=2,
                 input_shape=img_shape,
                 padding='same'))

    model.add (LeakyReLU (alpha=0.01)) ←    ❷ 通過激活函數 Leaky ReLU

    model.add (    ←    ❸ 卷積層，將張量從 14×14×32 轉成 7×7×64
        Conv2D (64,
                 kernel_size=3,
                 strides=2,
                 input_shape=img_shape,
                 padding='same'))

    model.add (BatchNormalization ())    ←    ❹ 批次正規化

    model.add (LeakyReLU (alpha=0.01)) ←    ❹ 通過激活函數 Leaky ReLU

    model.add (    ←    ❺ 卷積層，將張量從 7×7×64 轉成 4×4×128
        Conv2D (128,
                 kernel_size=3,
                 strides=2,
                 input_shape=img_shape,
                 padding='same'))

    model.add (BatchNormalization ())    ←    ❻ 批次正規化

    model.add (LeakyReLU (alpha=0.01)) ←    ❻ 通過激活函數 Leaky ReLU

    model.add (Flatten ()) ←    ❼ 展平成一維向量
    model.add (Dense (1, activation='sigmoid')) ←    ❽ 通過激活函數
                                                       sigmoid 輸出結果

    return model
```

▌4.4.4　建立並運行 DCGAN

這個 DCGAN 除了生成器和鑑別器的內部結構有所更動外，其他都跟第 3 章實作的一樣，由此可見 GAN 架構的通用性相當好。程式 4.5 與 4.6 分別是模型的建立與訓練過程。

程式 4.5　建立與編譯 DCGAN

```
編註： 定義「用生成器及鑑別器建立 gan 模型」的函式
def build_gan (generator, discriminator):

    model = Sequential ()

    model.add (generator)          ┐── 將生成器與鑑別
    model.add (discriminator)      ┘    器合為一模型

    return model

編註： 建立並編譯訓練鑑別器用的模型
discriminator = build_discriminator (img_shape)       ← 建立鑑別器
discriminator.compile (loss='binary_crossentropy',    ← 編譯模型
                       optimizer=Adam (),
                       metrics=['accuracy'])

編註： 建立並編譯訓練生成器用的 gan 模型
discriminator.trainable = False    ← 將鑑別器的參數鎖住
generator = build_generator (z_dim)    ← 建立生成器

gan = build_gan (generator, discriminator)            ┐
gan.compile (loss='binary_crossentropy', optimizer=Adam ())  ┘

                    將鎖住的鑑別器與生成器合成一模型，
                    然後編譯，此模型用來訓練生成器
```

> 哈~和前一章的程式 3.5 完全一樣！

程式 4.6　DCGAN 的訓練循環

```
losses = []
accuracies = []
iteration_checkpoints = []
```

> 編註：這裡也和
> 前一章完全一樣！

```
def train (iterations, batch_size, sample_interval) :

    (X_train, _), (_, _) = mnist.load_data ()        ← 載入 MNIST 資料集


    X_train = X_train / 127.5 - 1.0            ← 將灰階像素值從範圍
    X_train = np.expand_dims (X_train, axis=3)   [0,255] 換算至 [-1,1]

    real = np.ones ( (batch_size, 1) )      ← 真影像的標籤為 1

    fake = np.zeros ( (batch_size, 1) )     ← 假影像的標籤為 0

    for iteration in range (iterations) :
                                                    隨機挑選一批真圖片
        idx = np.random.randint (0, X_train.shape[0], batch_size)  ←┘
        imgs = X_train[idx]
                                                  生成一批假圖片
        z = np.random.normal (0, 1, (batch_size, 100) ) ┐
        gen_imgs = generator.predict (z)                ┘
                                                              訓練鑑別器
        d_loss_real = discriminator.train_on_batch (imgs, real)    ┐
        d_loss_fake = discriminator.train_on_batch (gen_imgs, fake) ┘
        d_loss, accuracy = 0.5 * np.add (d_loss_real, d_loss_fake) ←

                                           記錄平均損失值與準確率

        z = np.random.normal (0, 1, (batch_size, 100) ) ← 生成一批
                                                          雜訊向量

        g_loss = gan.train_on_batch (z, real)   ← 訓練生成器

        if (iteration + 1) % sample_interval == 0:

            losses.append ( (d_loss, g_loss) )
            accuracies.append (100.0 * accuracy)
            iteration_checkpoints.append (iteration + 1)

                      每隔一定迭代次數記錄損失和準確
                      率，訓練結束後便能繪出變化圖
```

接下頁

在螢幕上顯示訓練過程

```
print ("%d [D loss: %f, acc.: %.2f%%] [G loss: %f]" %
        (iteration + 1, d_loss, 100.0 * accuracy, g_loss))

sample_images (generator)    ←── 生成圖片並顯示出來
```

> **編註：** 程式完全一樣的重點，並不是我們可以省事不寫程式，而是 GAN 的架構在 DCGAN 是不變的，所以只要變更生成器和鑑別器的內容就好！

　　為了完整起見，我們一樣在下面程式中秀出 sample_images（）函式的實作內容。這函式第 3 章就出現過，可以輸出 4×4 個生成器生成的圖片；程式會在特定迭代次數時呼叫此函式。

程式 4.7　生成圖片並顯示出來

> 這個程式也一樣！

```
def sample_images (generator, image_grid_rows=4,
                              image_grid_columns=4):
```

取一組隨機雜訊

```
    z = np.random.normal (0, 1, (image_grid_rows *
                          image_grid_columns, z_dim))

    gen_imgs = generator.predict (z)    ←── 用這組隨機雜訊生成圖片

    gen_imgs = 0.5 * gen_imgs + 0.5    ←── 將像素值範圍換算至 [0,1]

    fig, axs = plt.subplots (image_grid_rows,    ←── 設定使用 4x4 的子圖表
                             image_grid_columns,      來顯示 16 張圖片
                             figsize=(4, 4),
                             sharey=True,
                             sharex=True)
```

接下頁

```
cnt = 0
for i in range (image_grid_rows) :
    for j in range (image_grid_columns) :
        axs[i, j].imshow (gen_imgs[cnt, :, :, 0], cmap='gray') ←──┐
        axs[i, j].axis ('off')                                     將圖片輸出至子圖表
        cnt += 1
```

最後再加上底下這幾行程式碼,就能正式開始訓練模型了:

程式 4.8 開始訓練模型

```
iterations = 20000      ┐
batch_size = 128        ├── 設定超參數
sample_interval = 1000  ┘

train (iterations, batch_size, sample_interval) ←── 用指定的迭代
                                                     次數訓練 DCGAN
```

▍4.4.5 模型輸出

　　圖 4.6 是 DCGAN 經過充份訓練後,生成器生成的手寫數字樣本。為了方便比較,我們在圖 4.7 重新展示第 3 章 GAN 範例生成的樣本,而 MNIST 資料集的真實樣本則放在圖 4.8。

圖 **4.6**：DCGAN 經充份訓練後生成的手寫數字樣本

圖 **4.7**：第 3 章的 GAN 經充份訓練後生成的手寫數字樣本

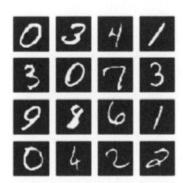

圖 **4.8**：從 MNIST 資料集中隨機挑選的真實手寫數字樣本。DCGAN
用此資料集充分訓練後，生成出的手寫數字圖片中，有許多已與訓
練集的圖片看不出差異，其表現明顯優於第 3 章的簡易 GAN。

　　我們只不過花了點力氣把模型改成 DCGAN，得到的回報卻很驚人，從
這幾張圖中便可看出：神經網路在經過充份訓練後，生成出的手寫數字與真
人筆下的已經沒多少分別了。

4.5 結語

從 DCGAN 可以看出 GAN 框架的通用性：鑑別器和生成器在理論上可用任一種神經網路架構來實作，甚至可以使用像 DCGAN 多層卷積網路一樣的複雜架構。而從 DCGAN 也可看出，複雜的架構在實作上有多麻煩，要是沒有批次正規化等突破性的進展，DCGAN 根本無法接受充分訓練。

在下一章中，我們將探討訓練 GAN 時會遇到的一些理論上或實作上的限制，以及克服這些限制的方法。

重點整理

- **卷積神經網路**（CNN）是用一或多組**卷積濾鏡**，將輸入資料從頭到尾掃過一遍。濾鏡每走一步，就會用其參數產生一個**激活值**，走完一遍之後，將這些激活值依序組合起來即為一張**特徵圖**。將這些濾鏡所產生的特徵圖都疊加起來，就是該層的輸出資料。

- **批次正規化**是一種能減少神經網路**協變量偏移**（在訓練期間各層輸入值的資料分佈狀況不斷發生變化）的工具；其原理是將上一層輸出的資料經正規化再傳入下一層。

- **深度卷積 GAN**（DCGAN）是一種以卷積神經網路為生成器和鑑別器內部結構的 GAN。這種架構在影像處理方面（包括手寫數字生成）效能卓越，我們在本章的實例中實作了程式碼。

- GAN 的架構通用性很好，像 DCGAN 只要在生成器和鑑別器內部加入 CNN 模組就好了，整體的 GAN 架構完全可以套用！

Part 2

GAN的進階課題

本篇（Part 2）會探討 GAN 的進階主題。有了第 1 篇的基礎概念後，我們將繼續鑽研 GAN 的理論，並接觸更多 GAN 的實作工具：

- 第 5 章會介紹 GAN 在理論與現實上所**面臨的諸多障礙**，以及**克服的方法**。

- 第 6 章會展示 **Progressive GAN** 的創新架構，此訓練模式可讓 GAN 合成影像的解析度一舉突破上限。

- 第 7 章會介紹 GAN 在**半監督學習**的應用（樣本中只要有一小部份帶有標籤，就足以訓練分類器），這在模型訓練的實作上有重大意義。

- 第 8 章會介紹 **Conditional GAN**，這種技術不但能訓練生成器與鑑別器，還可讓生成器根據標籤（或其他條件資訊）生成特定類別的資料。

- 第 9 章會探討 **CycleGAN**，這是用於**圖像轉譯**（image-to-image translation）的通用技術，可將一種影像風格轉換成另一種影像風格（例如把照片中的蘋果變成柳丁風格，或把馬變成斑馬）。

chapter

訓練 GAN 時所面臨
的挑戰與解決之道

本 章 內 容

- GAN 在評估成效上的困難點

- Min-Max GAN、NS-GAN（非飽和 GAN）與 WGAN

- 訓練 GAN 的各種實用技巧

★**注意** 閱讀本章時請千萬記住，GAN 不管是訓練還是評估成效都是出了名的
麻煩，而 GAN 也一直都是長江後浪推前浪，最好的訓練方法可能很快就被更好的
方法取代，尖端領域的競爭就是如此激烈（**編註：** 因此請讀者保持開放心態，以本
章為基礎，迎接並繼續學習未來各種更好的新技術）。

從《How to Train Your DRAGAN》之類的論文中，不但可看出 AI 研究人員在開冷笑話方面的無限潛力，也能知道 GAN 訓練起來有多困難（ 編註： 這裡是取電影馴龍高手 How to Train Your Dragon 的諧音梗 DRAGAN，真的有個 GAN 模型叫 DRAGAN，也藉此暗喻訓練這個 GAN 有多困難）。在學術論文網站 arXiv 上隨便都能找到幾十篇專門討論如何改善 GAN 訓練的論文，在**神經信息處理系統大會**（Neural Information Processing Systems，NIPS，著名的機器學習大會之一）等頂級的學術會議上，各方面針對訓練 GAN 所舉辦的研討會也不少[註1]。

由於 GAN 在訓練上的挑戰愈來愈複雜，不持續關注相關資源（包括已在學術論文和會議上發表的技術）的話將難以跟上腳步，因此本章特地把最新的訓練技術都整理出來並一一介紹。當然你多少會看到一些好久不見，但相見不如懷念的數學⋯，不過我們保證除非必要，否則絕對不端出來。

玩笑歸玩笑，但第 2 篇《GAN 的進階課題》的頭一章內容可是相當扎實。我們建議你在閱讀本章之前，先回頭改用不同超參數，重跑幾次之前提過的模型程式，以加深對 GAN 的認識。一旦你了解每個部份的運作原理，並親身體驗到訓練的困難，就能對本章內容有更深刻的理解。

就像進階篇的其他章節一樣，本章教的是在未來幾年都能用到的東西。因此，本章會整理一些從眾人經驗、部落格文章與相關論文中蒐集到的技巧與訣竅。你可以把本章當作是一場展示「GAN 的過去、現在、未來」的學術下午茶會。

我們也希望能藉此幫你**打下所有必備的基本功**，以理解未來可能會發表的學術論文。許多書只將這些新技術概括為單純的功能優劣對照表，而無法讓讀者有更全面的了解。由於 GAN 還是一個新興領域，學術界在某些方面的看法依然分歧，因此很難用一張簡單的對照表概括。此外，GAN 也是一個發展快速的領域，與其給你隨時會過時的資訊，我們更希望給你**自由探索的能力**。

註1：NIPS 的 GAN 研討會都會有許多頂尖研究人員參與，本章大部分內容也都有參考研討會的內容。NIPS 縮寫最近已改為 NeurIPS。

在解釋了本章的目的之後，讓我們再釐清一次 GAN 的背景。圖 5.1 是從第 2 章的圖延伸，並將不同的生成模型做進一步分類，你可從中了解其他還有哪些生成技術，以及它們之間的相似（或不同）之處。

★ 小編補充 為了避免不必要的困擾，我們先聲明，在圖 5.1 所列的那些術語中，只需要懂 VAE 和 GAN 就好了，其他項目都不在本書的範圍內！

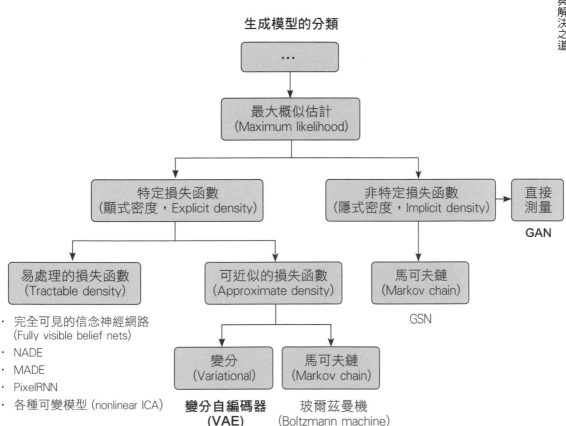

圖 5.1：找找看 GAN 在哪裡？（來源："Generative Adversarial Networks (GANs), "by Ian Goodfellow, NIPS 2016 tutorial, http://mng.bz/4OOV。）

這張示意圖裡有兩個重點：

● 所有的 GAN 都是從《最大概似估計》的《非特定損失函數》那一邊所演化而來的。

● 第 2 章介紹的 VAE（變分自編碼器）是屬於《最大概似估計》的《特定損失函數》家族，還記得它有一個特定的損失函數（重建損失）嗎？在 GAN 中並沒有這個損失函數，而是裝了兩個互相競爭的損失函數，稍後我們會更深入為您介紹。

如果你有聽過圖中所列的其他技術，那表示你很厲害。不過重點在於：GAN 模型的訓練依據，已從容易控制的特定損失函數，轉移到了非特定損失函數的範疇。或許你會問：既然**沒有特定的損失函數**（其實是有兩個，只不過它們的目標是互相對立的），那我們**該如何評估 GAN 訓練成效的好壞呢**？若要將生成器與鑑別器分頭跑大規模的訓練，又該怎麼解決評估好壞的問題？這些問題下一節即為您揭曉。

★ 小編補充 由於 GAN 是利用生成器與鑑別器的互相競爭來學習，因此從每回合的結果中我們只能知道誰輸誰贏 ，卻無法知道它們進步了多少，也無法知道目前做的有多好。

5.1 評估訓練成效的方法

先回顧一下第 1 章關於偽造達文西畫作的比喻。假設偽造者（生成器）企圖偽造達文西的畫作並且能夠被展出，那麼就必須先騙過藝術評鑑員（鑑別器）才行，因為後者只願意在展覽中放真品。在這種情況下，若你是個手藝高超的偽造者，立志用達文西的畫風憑空生出一幅這位巨匠「被遺忘的畫作」（**編註：** 就是從未出現過的畫作），並能騙過那些藝術評鑑員，那你該如何評估自己的表現呢？一個演員要如何評價自己的演出水準？

偽造者與藝術評鑑員之間無止境的戰爭，正是 GAN 要解決的問題。由於生成器通常比鑑別器更重要，我們更得仔細考慮如何評估生成的品質。該怎麼量化一位畫壇巨匠的風格，來評估我們到底模仿的有多像？我們該如何對生成的品質做整體評估呢？

▌5.1.1 各種可能的評估方法

最好的解決方法是讓達文西死而復生，讓他用自己的風格把所有能畫的主題都畫一遍，然後看 GAN 能否生成跟其中幾幅類似的作品。你可以將這看成最大概似的「取樣最大化」（**編註：** 就是以全體宇集合為樣本，這裡的宇集合是指所有可能出現的畫作）版本。但回到現實，這方法想也知道根本不可行。

退而求其次的話，就是檢查畫中有無一些只有真畫（或假畫）才有的特徵，再用這些特徵來判斷真偽。不過這種方法只能用在有多個明顯特徵的畫作上（但實務上能找出的明顯特徵通常不多），而且還得依靠真人評鑑員的親身觀察。這方法基本上是無法量化的（**編註：** 就是無法評估出一個數值來表示有多像真品），儘管這已經算第二好的方法了。

再退而求其次，我們通常會選擇一種統計方法來評估生成樣本的品質，因為這樣可以將評估結果**量化**，以便在測試階段用來評估成效有多好，並用它來優化模型。若評估的結果無法量化，便無法掌握訓練過程的進步狀況，也就難以進行有效的訓練。這個問題在調整模型的超參數時尤其明顯,不然難道每調整一次超參數設定,都得靠真人去評估並回報進步的狀況?GAN 對超參數的變動往往都很敏感,所以這的確是個大問題。

那為何不使用**最大概似**這個現成的工具呢?它是百分之百的統計工具,測量出的結果也跟我們真正想要的看起來差不多,更何況 GAN 本來就是它的非特定損失函數分支。雖然如此,但最大概似還是不太適合,因為這種方法需要先對**資料的真正分佈**有所了解,並據此設計出具備高概似性的模型,那可能得先看過幾十億張圖片才行**註2**。

此外,最大概似容易讓模型**過度概化**(overgeneralization),導致生成的樣本可能產生某種「超現實」的變化**註3**:像是合成出很多個頭的狗、長了一打眼睛卻沒身體的長頸鹿⋯等真實世界中根本不會出現的樣本,這些圖一看就知道是假的。我們可不希望 GAN 因此讓人心靈受創,所以必須使用損失函數或特定評估方法,把「過於籠統」的樣本淘汰掉。

另一種評估過度概化的方法是從真、假資料(例如影像)各自的機率分佈下手:一是估計兩分佈的**距離函數**(distance function,一種量化兩種分佈之間差異的函數),看這兩分佈到底差距多大;二是看兩分佈機率密度為 0 的區域是否相符或有所出入。但這些過度概化的樣本跟真實樣本通常只差在幾個關鍵的點上(像是頭不只一顆),所以它們造成的額外損失可能不會很明顯。因此,這方法仍然無法防止模型的過度概化,還是有可能生成訓練集中根本不存在的生物(例如多個頭的牛)。

這就是為何我們最終還是需要不同的評估機制,雖然仍跳脫不了最大概似的基本框架,但可改用不同的演算法來評估。想先睹為快的話,這裡先預告:稍後會介紹的 **KL 散度**與 **JS 散度**(JS divergence)也是基於最大概似,兩者可以互相換算。

註2:我們會在第 10 章談到如何處理維度問題。

註3:參見:"How (Not) to Train your Generative Model: Scheduled Sampling, Likelihood, Adversary?" by Ferenc Huszr, 2015, http://arxiv.org/abs/1511.05101。

你現在應該了解為何我們必須評估生成樣本的品質,而且不能只用單純的最大概似來做。接下來我們會介紹兩種常用的統計度量方法,以評估生成樣本的品質:IS(inception score,**起始分數**)與 FID(Fréchet inception distance,**Fréchet 初始距離**)。這兩種度量方法的優點在於它們已經廣泛驗證過了,證實與某些視覺特性(例如影像的美觀與擬真度)有高度相關。IS 的精神純粹就是「樣本應可識別」,但經 Amazon Mechanical Turk 線上服務的眾人協力驗證發現,IS 居然還跟人類對真實影像的直覺也有相關[註4]。

5.1.2 IS(起始分數)

我們的確需要一種良好的統計評估工具。不過到底要評估什麼?我們先列出一些理想中的目標:

● 生成的樣本要**夠真實**,讓人一看就知道是什麼(例如水桶或牛)。也就是說,資料集裏放了什麼就要生成什麼,而且生出來的還要很像真的。再者,分類器要很有把握地指出它是什麼,現在已經有電腦視覺分類器,可將影像分類到特定類別,正確率也不低。其中一種很棒的圖片分類器便是 **Inception 神經網路**(Inception network),IS(Inception score)這術語也是從它而來。

● 生成樣本要**夠多樣**,最好跟原始資料集如出一轍。生成樣本應該要能重現資料集的所有特徵,若是用 MNIST 訓練出的 GAN 卻怎樣也生不出「8」,那就表示生成模型還不夠好。換句話說,就是得避免**類間**(interclass,即類別之間)**模式崩潰**[註5](**編註:** 這裡是指生不出某些類別,例如一直無法生成手寫數字的 8 這一類)。

儘管我們對生成模型可能還有其他要求,不過能做到以上這二點也算是有好的開始了。

註4:Amazon Mechanical Turk 是一種線上服務,可讓你按時薪僱用人員來執行特定任務。就像隨傳隨到的自由業者或 Task Rabbit 一樣,但僅提供線上服務。

註5:參見:"An Introduction to Image Synthesis with Generative Adversarial Nets," by He Huang et al., 2018, https://arxiv.org/pdf/1803.04469.pdf。

IS 是在 2016 年首度發表，論文中提出多種驗證，並已確認它與人類對高畫質影像的感知有關[註6]，自此 IS 被 GAN 研究人員廣為使用。

　　解釋完為何要使用 IS 後，接著就來深入了解技術細節。IS 的計算過程很簡單：

1 先算出真實分佈與生成分佈之間的 **KL 散度**[註7]，假設其值為 K。

2 計算自然常數 **e 的 K 次方**，就是 IS。

　　來看一個實例：這邊有個訓練失敗的輔助分類器 GAN（Auxiliary Classifier GAN，ACGAN）[註8]，這個模型是用 ImageNet 資料集來訓練的，目的是生成雛菊樣本。不過它生成了失敗的圖片，把這個圖片送入 **Inception 神經網路**後的結果如圖 5.2 所示（此結果可能會因不同作業系統、TensorFlow 版本、實作細節等而有所差異）。

影像	類別	信心度
	雛菊	0.05646
	書套、防塵罩等	0.05086
	金魚、鯽魚等	0.04913
	蜂鳥	0.02358
	排笛、牧羊神之笛、耳咽管	0.02029

圖 5.2：失敗的 ACGAN。最右一欄的信心度是以 Softmax 函數輸出的，這裡只列出分數最高的前 5 名。**編註**：彩色圖片可連網到本書專頁觀看（詳見本書最前面的專頁說明）。（來源：Odena, 2017, https://arxiv.org/pdf/1610.09585.pdf。）

註6：參見："Improved Techniques for Training GANS," by Tim Salimans et al., 2016, https://arxiv.org/pdf/1606.03498.pdf。

註7：我們已在第 2 章介紹過 KL 散度。

註8：參見："Conditional Image Synthesis with Auxiliary Classifier GANs," by Augustus Odena et al., 2017, https://arxiv.org/pdf/1610.09585.pdf。

重點在於，最右一欄的信心度都很低（通常前 3 類是代表最有可能的類別），表示 Inception 神經網路（分類器）無法確定這到底是什麼，因此這裡我們可推斷這個樣本非常不像真實的東西（雖然雛菊排第一位，但它的分數也是非常低）。此方法可用來評估本單元一開始提到的兩個目標中的第一個（**編註：** 就是看起來要夠真實），因此我們的尋找評估方法之旅應該算是成功一半了。

▋5.1.3　FID（Fréchet 初始距離）

下一個要處理的問題是，訓練樣本的**多樣性不足**。通常我們只能收集到有限數量的資料來訓練 GAN，而在這些資料中，各類別又只佔其中的一小部份而已。2017 年，一個新的解決方法問世：FID（Fréchet inception distance）註9。FID 相對 IS 而言更加穩健，較不受雜訊影響，也能檢測**類內**（intraclass，即同一類別內）**模式崩潰**的樣本遺漏狀況（**編註：** 就是生成的某類樣本缺少變化，例如只能生出正面的貓而生不出側面的貓）。

這個改良很重要，因為以 IS 的標準來說，只要能生成單一類別的資料就能交代過去了。例如我們要寫個貓咪圖片的生成模型，並希望能包括所有訓練集中的品種，那麼 IS 的標準當然不夠（因為可能只合成出單一或少量的品種）。此外，我們通常也希望圖片中的貓咪可以在角度上有所變化，例如正面、側面、甚至俯視圖，總之就是要有明顯的不同。

我們當然也不希望 GAN 單純只記住影像內容卻不知變通，只會在生成時加點小變化或雜訊而已（如圖 5.3 所示）。幸好這個問題在偵測上容易多了——只要比較影像在像素空間的 FID 距離即可。FID 整個實作其實很複雜，不過基本的精神是讓模型能根據資料集中有限的變化，生成既多樣又與真實資料很像的樣本。

註9：參見："GANs Trained by a Two Time-Scale Update Rule Converge to a Local Nash Equilibrium," by Martin Heusel et al., 2017, http://arxiv.org/abs/1706.08500。

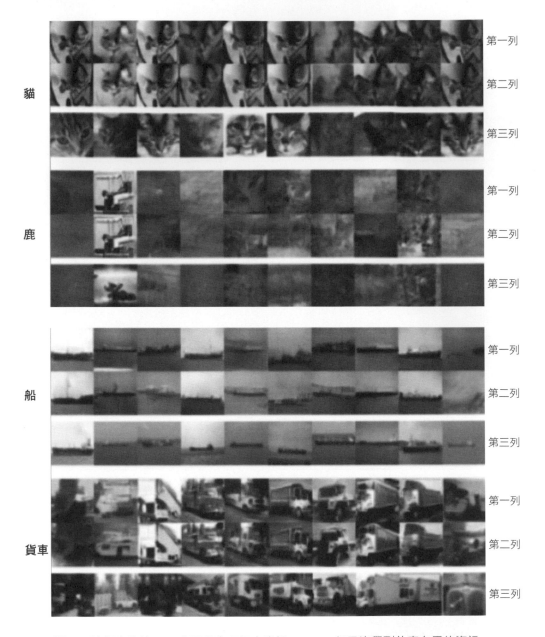

貓　第一列　第二列　第三列

鹿　第一列　第二列　第三列

船　第一列　第二列　第三列

貨車　第一列　第二列　第三列

圖 5.3：這個失敗的 GAN 主要是靠死記來掌握 pattern，但又沒學到什麼有用的資訊，所以無法做太多變通，這些生成的影像就是證據。前兩列是一對重複出現的樣本，第三列則是訓練集中跟第二列影像差別最小的樣本。這些影像樣本解析度不高，是因為此 GAN 的設定本來就如此。 **編註：** 彩色圖片可連網到本書專頁觀看。
（來源："Do GANs Actually Learn the Distribution?An Empirical Study," by Sanjeev Arora and Yi Zhang, 2017, https://arxiv.org/pdf/1706.08224v2.pdf。）

FID 也是基於 Inception 神經網路，但實際看的是真實與生成影像在**過渡時期**（中間層）的表現，而非比較最後輸出的影像。更具體地說，就是比較兩個分佈（真實與生成樣本）在過渡時期的距離，也就是計算二者在**平均值、變異數、及共變異數**（Covariance）的差異。

利用中間層把影像的「潛藏分佈」抽離出來後，若能用適當的分類器在此分類，便可利用其預測值來衡量某個樣本是否看起來夠真實。總之，FID 是一種模擬人類評估者的特徵提取方法，可以根據分佈進行統計推理，甚至可以對很難量化的事物（例如圖像的真實感）進行品質評估。

由於這個評估方法還很新，可能要看未來的論文才知道有沒有不良缺陷。不過已經有不少知名人士在使用它了，因此我們決定將之收錄在本書中 **註 10**。

註 10： 參見："Is Generator Conditioning Causally Related to GAN Performance?" by Augustus Odena et al., 2018, http://arxiv.org/abs/1802.08768。另見：S. Nowozin (Microsoft Research) talk at UCL, February 10, 2018。

5.2 訓練上的挑戰

接著我們會逐一說明 GAN 訓練時可能會遇到的問題，並介紹一些好的解決辦法。不過我們只會提供最基本、也最容易了解的說明，而不會用太多艱澀的數學來論證，因為這些細節已經超出本書範圍。不過我們仍然鼓勵你去看參考資料，再決定要不要做進一步的研究。

訓練 GAN 時的常見問題如下：

● **模式崩潰**（Mode collapse）：當某些模式（或類別）無法出現在生成的樣本時，我們稱這種現象為模式崩潰。即使某類樣本已經被收錄進訓練資料集，該類別也有可能出現模式崩潰；比方說，模型用 MNIST 資料集訓練完成，卻生不出手寫的「8」。即使神經網路可以收斂，依然可能發生模式崩潰。我們在解釋 IS 時曾提過**類間模式崩潰**（interclass mode collapse，編註： 就是生不出某些類別），而在討論 FID 時又提過**類內模式崩潰**（intraclass mode collapse，編註： 就是生成的某些類別缺少變化）。

● **收斂緩慢**（Slow convergence）：這對 GAN 與非監督式學習來說是很嚴重的問題，因為「需要的計算能力」與「收斂速度」成反比（編註： 收斂越慢就需要越快或越多的計算能力）；監督式學習在這方面就沒那麼嚴重，比較常需要擔心的反而是標籤資料不夠。再者，有些人相信未來 AI 競賽的關鍵不是資料，而是計算能力。當然，任何人都會希望模型不用花太多時間就能訓練到最好。

● **過度概化**（Overgeneralization）：這裡是指樣本出現一些「超展開」模式（真實資料中不應該出現的樣本），比方說有很多顆頭的牛，或者反過來，有很多身體的牛。當 GAN 把真實資料過份概化，自行演繹出資料集中根本不存在的模式，結果便會如此。

雖然有時候只要將模型重新初始化，便可簡單解決模式崩潰或過度概化的問題；但模型若得靠這樣才能解決問題，表示模型本身很脆弱，不是一個好的設計。從上面 3 點可以看出 2 個關鍵指標：**速度**與**品質**。這兩個指標其實很接近，因為大多數的訓練，都希望能更快速地將真實資料與生成資料的差距縮到最小。

那該如何解決以上的問題呢？ GAN 和其他機器學習演算法一樣，可以靠下面幾種技巧來改善訓練過程：

● **逐步增加神經網路深度**

● **更改賽局的設計與評估方式**（ **編註：** 賽局是指二方競爭的比賽）

  ■ 使用 Min-Max 的設計與停止標準

  ■ 使用非飽和的設計與停止標準 [註11]

  ■ 使用 Wasserstein GAN：這是最新的改進版本

● **靈活使用各種訓練技巧**

  ■ 將輸入正規化

  ■ 使用梯度懲罰

  ■ 對鑑別器做更多的訓練

  ■ 避免稀疏梯度

  ■ 採用平滑或雜訊標籤

▎5.2.1　逐步增加神經網路的深度

跟許多機器學習演算法一樣，要讓學習更穩定，最好的方法是降低複雜度。若你從簡單的模型開始訓練，並分階段逐漸擴充，可使訓練過程更穩定、收斂更快，還有其他意想不到的好處。第 6 章會更深入探討這個想法。

註11： 參見："Generative Adversarial Networks," by Ian Goodfellow et al., 2014, http://arxiv.org/abs/ 1406.2661。

有一篇在 GAN 世界中相當亮眼的論文，敘述如何從最簡單的生成器與鑑別器開始，在訓練過程中逐步增加複雜度，以快速達到穩定性 註12。這群 NVIDIA 出身的作者分階段擴充神經網路，先從兩個最簡單的神經網路開始，在每階段訓練結束後，才分別將「生成器的輸出維度」與「鑑別器的輸入維度」加倍。這樣可以穩健地由簡入繁，逐步擴充模型直到我們期望的規模及成效。（編註：在擴充過程中，原有參數的值都會保留，以累積現有成果）

與其直接挑戰龐大的參數空間，不如從很小的輸入維度著手：例如先從 4×4 的影像開始，把對應的參數空間都調整好之後，再將維度加倍。一直重複此操作，直到能輸出維度為 1024×1024 的影像為止。

看一下圖 5.4 就知道有多厲害了，兩張照片都是合成出來的。以前用 VAE 頂多能生成 64×64 的模糊影像，現在的結果可是遠遠超前。

圖 5.4：GAN 生成的超高畫質（Full HD）影像。
先預告一下：研讀完下一章就可做出這麼棒的成果。
編註：彩色圖片可連網到本書專頁觀看。
（來源：Karras et al., 2017, https://arxiv.org/abs/1710.10196。）

註12：參見："Progressive Growing of GANs for Improved Quality, Stability, and Variation," by Tero Karras et al., 2017, http://arxiv.org/abs/1710.10196。

這種漸近的方法不但能增加穩定性與訓練速度，最重要的是，還可以增進生成樣本的品質與輸出維度。儘管這種類型的 GAN 才剛出現沒多久，但我們預估使用的人會愈來愈多。你最好自己試一次，因為這種技術幾乎可以套用在任何類型的 GAN 上。

▌5.2.2　更改賽局的設計與評估方式

你也可以從賽局的觀點來看 GAN 中的兩方競爭，就想像成在玩圍棋、象棋或西洋棋。作為參賽者，不但要了解兩方都想搶先致勝，還必須知道自己離勝利有多近。這其實是 AlphaGo 從 DeepMind 借用的點子，也就是把神經網路分成**策略** (policy) 與**估值** (value) 兩部份。所以你得**清楚規則**（才能設計策略），並用某個度量標準來**衡量與勝利的距離**（即估值，例如被吃掉的棋子數量）。

但是每種棋盤遊戲的規則都不一樣，某些 GAN 的勝利指標只適用於特定種類的比賽，其他的不適用。所以參賽者動態（賽局設計）和損失函數（勝利指標）最好分開考慮。

這裡開始會介紹一些描述 GAN 運算邏輯的公式，我們保證不是故意擺出來嚇你的，會放是因為它們太重要了。必須先對背後的數學有基本了解，然後才能掌握整個狀況，而現下還有很多 GAN 研究人員未能釐清這些邏輯（也許他們應該先訓練一下自己腦袋裡的鑑別器(誤))。

▌5.2.3　Min-Max GAN

正如本書開頭所述，從博弈論的角度來思考，GAN 的設計就是讓兩個參賽者互相競爭。但 2014 年的 GAN 開山論文中，其實把賽局分成兩種版本（ 編註：　將分別在本小節與下一小節介紹）。最容易理解、也最符合理論基礎的版本是我們接下來要說的：把 GAN 當成簡單的 **Min-Max 賽局**（ 編註：　Min-Max 是賽局的基本演算法，此處是一方要將損失最小化，而另一方要將損失最大化）。這類鑑別器的目標如下（其中的 max 表示要將算式的值最大化）：

$$\max E_{x\sim pr} [\log D(x)] + E_{z\sim pg} [\log(1-D(G(z)))]$$

E 是**真實樣本分佈**（x~pr）與**生成樣本分佈**（z~pg）的期望值，D 代表鑑別器函數（把影像轉變成機率），G 則代表生成器函數（把雜訊向量轉變成影像）。這是處理二元分類問題時很常見的方程式。

由於 D 的傳回值是介於 0~1 之間，因此 D(x) 的值要越接近 1 越好（將真樣本判定為真），而 D(G(z)) 則要越接近 0 越好（將假樣本判定為假，此時 1-0 也會是最大）。不過以上算式的目標是希望**越大越好**，若要改成損失函數，則應加一負號使其**越小越好**，如公式 5.1：

$$J^D = -E_{x\sim pr} [\log D(x)] - E_{z\sim pg} [\log(1-D(G(z)))] \qquad （公式 5.1）$$

以上方程式若忽略繁雜的抽象符號，再加上點自由度，便能把公式簡化成如下：

$$J^D = -D(x) + \underline{D(G(z))}, \quad \text{for all } D(x), D(G(z)) \in [0,1]$$

編註： 這裡的 1-D(G(z)) 已變成 D(G(z))，因此前面的 – 要變成 +

從簡化後的公式中可看出，鑑別器企圖將誤判機率降到最低：若是把真當成假（等號右邊第一項）或把假當成真（等號右邊第二項），損失就會提高。

現在將注意力轉向生成器的損失函數，如公式 5.2 所示。

$$J^G = -J^D \qquad （公式 5.2）$$

由於參賽者只有兩位，他們互相對抗，所以生成器的損失跟鑑別器的損失只差一個負號。

也就是說，雖然損失函數有兩個，但兩者只差在正負號，對抗性一目了然。生成器企圖騙過鑑別器，而鑑別器，請記住它是一個二元分類器，所以會輸出一個數值（樣本為真的機率），若結果不準確就會增加損失。經過一些數學運算後，得出的結論很簡單：損失與兩分佈（**編註：** 指真實樣本分佈與生成樣本分佈）的 **JS 散度**（Jensen - Shannon divergence，或簡寫為 JSD）有直接關係，當兩分佈完全一樣時，JSD 最小，損失也最小。

5.1.1 小節已經解釋過為何不能用最大概似，而是改用 KL 或 JS 散度，最近甚至還有人用**推土機距離**（earth mover's distance，也就是所謂的 Wasserstein 距離，**編註：** 詳見 5.2.6 小節）之類的度量標準。這些散度都有助於我們理解真實分佈與生成分佈之間的差異。現在你可以先把 JSD 簡單想成是 KL 散度（第 2 章介紹過）的對稱版本。

> ★ **定義** JSD 是 KL 散度的對稱版本。KL(p,q)!= KL(q,p)，但 JSD(p,q) == JSD(q,p)。

如果你想要了解更多，那麼不管是 KL 散度還是 JSD，都是 GAN 想要盡可能降到最低的指標。根據這兩種度量標準，我們可了解兩組高維分佈之間的差異有多少。通過一些論證，可發現 Min-Max 版本的 GAN 跟這些散度都有關，不過這些太學術化的內容不在本書討論範圍。若是你看不懂這段也別擔心，將這些東西交給統計學家去傷腦筋就好。

不過現在已經沒人在用 Min-Max GAN 了，雖然它是幫助我們了解 GAN 的一個很好的理論框架，兼具博弈論（源自於兩組神經網路 / 參賽者的競爭）與資訊論的概念，但除此之外就沒有其他優勢了。接下來介紹的兩種賽局設計則比較多人使用。

5.2.4 非飽和 GAN（NS-GAN）

在實作 GAN 時，會發現 min-max 的問題很多，例如會讓鑑別器收斂緩慢。GAN 的開山論文上有另一種替代方案：**非飽和 GAN**（Non-Saturating GAN，NS-GAN）。此版本的兩組損失函數各自獨立，如公式 5.3 所示，雖然不像 min-max 版（公式 5.2）那樣只差一個負號，但其實精神上也相去不遠。

用一句話概括 NS-GAN 就是：兩個損失函數不再直接針鋒相對。不過從公式 5.3 和 5.4 一樣可發現，生成器的損失一旦變小，鑑別器的損失（公式 5.4 等號右邊的第 2 項）就會變大。也就是說，前者會努力讓後者誤判。

> 生成器的目標變成了：
> max $E_{z\sim pg}[\log D(G(z))]$

$$J^G = -E_{z\sim pg}[\log D(G(z))]$$ （公式 5.3）

$$J^D = -E_{x\sim pr}[\log D(x)] - E_{z\sim pg}[\log(1-D(G(z)))]$$ （公式 5.4）

鑑別器的損失（公式 5.4）跟前面 Min-Max GAN 的（公式 5.1）完全相同，但公式 5.3 的等式已經跟前面的公式 5.2 不同了。由於 Min-Max GAN 很容易出現**梯度飽和**（接近 0）的情況，造成反向傳播的權重修正過小，而導致收斂緩慢，這才有了 NS-GAN 這種改進方案。實際看圖應該會比較清楚，如圖 5.5 所示。

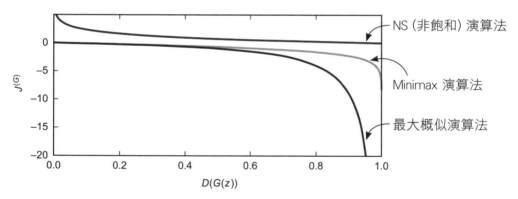

圖 5.5：從圖形來比較這些賽局評估方法。y 軸是生成器的損失函數 J$^{(G)}$，x 軸的 D(G(z)) 則是鑑別器對生成樣本的「猜測」。你可看到 Minimax 從原點開始大部份都是很平坦的，導致生成器能取得的優化訊息太少（接近梯度消失）。（來源："Understanding Generative Adversarial Networks," by Daniel Seita, 2017, http://mng.bz/QQAj。）

你可以看到在 x 軸的 0.0 附近（訓練一開始時的 D(G(z)) 通常會從這裡開始往上升，**編註：**因為鑑別器已先訓練過一輪了，所以一開始都會判斷為假(0)），最大概似和 Min-Max GAN 的梯度（y 軸）都接近 0；而 NS-GAN 在這的梯度高很多，使訓練在一開始的進展（損失的下降速度）會相對迅速。

但這個 NS-GAN 要怎樣才會收斂到納許均衡狀態？這點我們始終無法以理論解釋。NS-GAN 畢竟是為了解決一時的問題才提出的替代方案，所以就顧不上數學根據了，如圖 5.6。由於 GAN 會遇到的問題相當複雜，即使在經驗上 NS-GAN 的表現大都比 Min-Max GAN 更好，但仍有可能無法收斂。

圖 5.6：請默哀片刻

不過在壯烈犧牲掉理論根據後，效能明顯提高了。NS 設計不但能讓訓練在一開始就加速，生成器與鑑別器也學得更快。這樣的改變很好，因為幾乎所有人能使用的計算能力跟時間都很有限，學得愈快當然就愈好。甚至還有人認為，若是計算能力真的非常有限，就沒有比 NS-GAN 更好的選擇了，就算是 Wasserstein GAN 也沒有比較快[註13]。

註13：參見："Are GANs Created Equal?A Large-Scale Study," by Mario Lucic et al., 2017, http://arxiv.org/abs/1711.10337。

▋5.2.5 何時該結束訓練

嚴格來說，NS-GAN 有 2 個特點：

● 已經跟 JSD 不太像了

● 很難從理論上預測會達到什麼樣的「均衡」狀態

第一點很關鍵，因為要了解生成分佈跟真實分佈還差多遠，JSD 是很重要的指標。理論上 JSD 能當訓練停止的判斷標準，但在實務上其實也沒有太大意義，因為我們永遠無法實際驗證這兩個分佈的符合程度。較常用作法則是，每隔幾次迭代後就親自查看生成的樣本，以決定何時停止。最近已有人開始用 FID、IS 或 Wasserstein 距離來決定是否停止訓練。

第二點也很重要，因為這種不穩定性明顯會造成訓練問題。不過最重要的問題，還是何時該停止訓練。GAN 開山論文提到的兩種公式都沒有提供明確的條件，可用來決定何時應該停止。雖然我們嘴上總說要達到納許均衡，但實際上很困難，因為在高維度的狀況下，均不均衡根本看不出來。

如果監控生成器與鑑別器損失函數的變化，會發現它們最終都只會上下跳動。這很正常，因為他們互相競爭；若一個進步，另一個就退步。光監看兩個損失函數的變化，還是無法知道何時才算是完成訓練。

不過 NS-GAN 跑起來還是比 Wasserstein GAN 快很多，這也是它的優勢。反正跑起來很快，就不用為這些問題傷腦筋了。

▋5.2.6 Wasserstein GAN（WGAN）

GAN 訓練最近又有了新的進展：Wasserstein GAN（WGAN）[註14]。這項工具一推出後就名聲遠播，現在已被大多數的重要論文與業界人士採用。WGAN 之所以如此重要，可歸納為 3 個原因：

註14：參見：''Wasserstein GAN,'' by Martin Arjovsky et al., 2017, https://arxiv.org/pdf/1701.07875.pdf。

- 損失函數有大幅進化，現在不但有更好的詮釋（ **編註：** 可看出生成品質的好壞），也為訓練提供更明確的停止門檻。

- 根據經驗，WGAN 跑出來的結果更好。

- 與其他 GAN 的研究完全不同：大部份研究著重在如何降低 KL 散度，WGAN 卻先釐清損失背後的理論根據，藉此明確指出 KL 散度在理論上與實務上的缺陷。理論都完備後，接著才提出更好的損失函數以解決問題。

第一點很重要，若是你有看完上一節的話應該能體會。由於生成器和鑑別器只是單純地對抗，所以很難知道何時該停止訓練。WGAN 用的損失函數，是與生成樣本的視覺品質有高度相關的**推土機距離**（ **編註：** 就是用推土機把生成分佈推成和真實分佈相似所需的距離）。至於第二點和第三點應該不用多做解釋——我們當然希望樣本品質更好，理論基礎也更紮實。

這麼神奇的結果是怎麼辦到的呢？仔細看一下鑑別器（WGAN 把它稱為**評論員 (critic)**）的 **Wasserstein 損失**就知道了，如公式 5.5。

$$\max E_{x \sim Pr}\left[fw(x)\right] + E_{z \sim p}(z)\left[fw(g_\theta(z))\right] \qquad （公式 5.5）$$

這公式與之前看到的有點類似（它是從公式 5.1 簡化而來），但還是有些重要區別。這裡改用 **fw 函數**代表鑑別器。鑑別器要經由調整 fw 函數的參數來找出真實分佈（第一項）與生成分佈（第二項）的最大差距，然後估算出兩分佈的推土機距離（純粹是測量距離）。鑑別器可以藉由調整 fw 的參數，觀察兩分佈在不同角度的投影，並找出讓這兩個分佈相差最遠的參數，以使生成器必須花更多力氣來「移動」這些分佈。

生成器的損失函數用推土機距離表示的話，如公式 5.6 所示（ **編註：** 只有把 max 改為 min）。

$$\min E_{x \sim Pr}\left[fw(x)\right] + E_{z \sim p}(z)\left[fw(g_\theta(z))\right] \qquad （公式 5.6）$$

從公式可看出，我們試著將真實分佈與生成分佈的期望值盡可能拉近。雖然 WGAN 的開山論文非常深奧，不過整篇文章的重點是，fw 函數要能滿足如下的技術約束：

fw 函數必須滿足的技術約束是 Lipschitz 連續（1 - Lipschitz）：
for all x1, x2: | f(x1) - f(x2) | ≤ | x1 - x2 |。

生成器在這裡要做的事其實跟之前差不多，但還是詳細交代一下：

1 從真實樣本分佈中取一批真樣本 x。

2 從生成樣本分佈（g_θ(z)）中取一批假樣本 x*。（就是由潛在空間中取一批雜訊向量 z 並通過 g_θ(z) 轉換為假樣本。）

3 經由 fw 代入生成器的損失函數。

4 將損失函數（或距離函數，也就是推土機距離）最小化。實際數值是根據推土機距離算出來的，之後會解釋。

整個設計很巧妙，使得損失函數變得更容易理解（沒有 log 攪局）。在 WGAN 的訓練參數設定中還有一種**限幅常數**（clipping constant），作用類似一般機器學習的學習率（learning rate），這樣就多了一個額外的超參數可調整。但它是兩面刃，如果你的 GAN 受它影響很大的話，所造成的結果可能有好有壞。接著我們以最少的數學來解釋 WGAN 的兩種實質意義：

● WGAN 發表後，其他論文也證實了 WGAN 鑑別器的損失與「生成影像品質」有相關性，我們從此有了更明確的停止訓練標準。只要測量 Wasserstein 距離，就能估計何時該停止。

● 改用 WGAN 訓練會比較容易收斂。因為有些評論性論文（meta-review）[15] 發現，從 JS 散度並不能完全看出生成器是否能重現真實分佈，所以訓練時用 JS 散度做為損失函數，經常沒什麼意義 [16]。以人類下西洋棋為

註15：meta-review 指的是針對多篇論文所做的綜合評論，可幫助研究人員總結幾篇論文的結果。

註16：參見："Many Paths to Equilibrium: GANs Do Not Need to Decrease a Divergence at Every Step," by William Fedus et al., 2018, https://openreview.net/forum?id=ByQpn1ZA-。

例，有時候連續輸掉幾回，看起來似乎能力變差了，但這樣重複幾次吸取經驗後，可能反而進步更快。

聽起來好神奇。某方面來說，這是因為 WGAN 跟你之前用過的度量標準都不一樣。這種被稱為推土機距離或 Wasserstein 距離背後的思想非常精明，底下我們試著溫柔地（不用太多數學）解釋給你聽。

不管是真實樣本（你不可能全都看到）還是生成樣本（假資料）的分佈，維度都高到你無法想像。即使迷你的 32×32 全彩影像（要再乘上 3 個顏色通道），維度就已經有點可觀了。現在把這兩組機率分佈想像成是兩座山（第 10 章會討論更深入些）。可參考下頁的圖 5.7，不過這張圖的概念其實跟第 2 章的差不多。

假設你要把代表假資料機率質量的山挖起來移到另一個地方，然後換個造型，使得整個形狀跟真實資料那座山一模一樣（至少要看起來像）。這就好比你的鄰居有座很酷的沙堡，你想用自家的沙子複製一座出來。而推土機距離，就是把這些機率質量全都移到正確的地方，所必須花費的力氣。當然，也不一定要做的完全一樣，也許你想蓋出更酷一點的沙堡，也未必不可（我們都是過來人，知道你想做什麼）。

使用 Wasserstein 距離的「近似」版本，可以評估生成樣本與真實分佈到底有多像。為何說是「近似」？因為我們從來沒看過「完整」的真實資料分佈，當然難以評估真正的推土機距離。

最後你只需要知道，不管是 JS 距離還是 KL 距離，都比不上推土機距離；從 WGAN 創造的成果來看，它整體的表現也相當優越[註17]。儘管某些情況用別的 GAN 比較好，但至少 WGAN 在所有情況都能保持一定的水準（雖然有些人不以為然）[註18]。

註 17：參見："Improved Training of Wasserstein GANs," by Ishaan Gulrajani et al., 2017, http://arxiv.org/abs/ 1704.00028。

註 18：參見：Lucic et al., 2017, http://arxiv.org/abs/1711.10337。

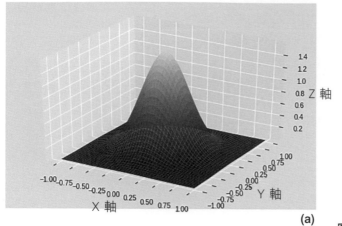

(a)

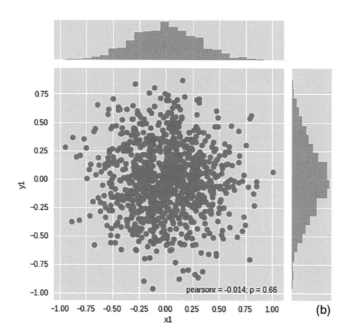

圖 5.7： 圖 (a) 你應該已經在第 2 章看過了。為了更容易了解，我們在圖 (b) 中用另一種角度來看同樣的高斯分佈：上面的是水平橫切面，右邊的則是垂直橫切面。圖 (a) 其實又只是某份資料「某一面」的機率密度分佈，z 軸為該點被取樣的機率。不管是哪一個都只代表「某一面」資料的「某一小面」，這要怎麼做比較？要是我們不告訴你，你要怎麼知道它們其實是同一個分佈？若這個分佈維度高達 3072 維怎麼辦？這個例子中我們還只有二維，若眼前有兩座像 (b) 一樣的分佈，我們或許還能疊在一起比比看，但當分佈愈來愈複雜時，要讓兩者重合也會愈來愈困難。

總之，WGAN（或加了**梯度懲罰**的版本 WGAN-GP）已被廣泛使用，並成為 GAN 研究與實作的標準（雖然 NS-GAN 還不到被人遺忘的時候）。當你看到某篇新論文不但沒將 WGAN 納入比較基準，也沒有足夠的理由不納入時，請務必當心！

5.3 賽局設計的重點整理

我們介紹了 3 種 GAN 設計：min-max，非飽和與 Wasserstein。如今每篇論文開頭至少都會提到其中的一種，不管引用的是比較好懂卻難用的 min-max 版本、雖好用卻缺乏數學根據的非飽和版本、或是雖晚點出生但兼具理論基礎與出色性能的 Wasserstein 版本，你應該都能看懂他們在說什麼了。

為了方便參考，我們在表 5.1 中整理了 NS-GAN、WGAN 與其加強版 WGAN-GP 的概要（至於 Min-Max GAN 就抱歉啦！）。為了完整起見，我們把 WGAN-GP 也列進去，這 3 種都是學術界和企業界的首選。

表 5.1：賽局設計總結[註a]

名稱	目標（以 L 表示，值越大越好）	說明
NS-GAN	$L_D = \max E[\log(D(x))] + E[\log(1 - D(G(z)))]$ $L_G = \max E[\log(D(G(z)))]$	這是 GAN 的原始型態之一。基本上已經很少在用了，一般只有在教學或模型比較時才會拿出來用。
WGAN	$L_D = \max E[D(x)] - E[D(G(z))]$ $L_G = \max E[D(G(z))]$	這裡有將 WGAN 的公式稍作簡化。它似乎已經成為 GAN 的新典範。要看更詳細的公式可參考之前的公式 5.5。
WGAN-GP [註b] （梯度懲罰版本）	$L_D = \max E[D(x)] - E[D(G(z))] + GPterm$ $L_G = \max E[D(G(z))]$	這是帶有**梯度懲罰**（GP）的進化版 WGAN。WGAN-GP 的結果通常最好。本章我們並未討論 WGAN-GP，為了完整起見，才一併列於此處。

註a：來源："Collection of Generative Models in TensorFlow," by Hwalsuk Lee, http://mng.bz/Xgv6。

註b：這是加上梯度懲罰的 WGAN 版本，最近的學術論文中很常見。參見：Gulrajani et al.,2017, http://arxiv.org/abs/1704.00028。

5.4 訓練 GAN 的實用技巧

前面介紹完那些有充份根據的學術成果，接著來介紹學術界和業界「發現有用但還沒完全研究清楚」的一些技巧。這些技巧很簡單，你可以試試看是否管用。本節所列出的這些技巧，大部份是引用自 Soumith Chintala 在 2016 年發布的文章《如何訓練 GAN：使 GAN 正常工作的技巧和竅門（How to Train a GAN: Tips and Tricks to Make GANs Work）》，但其中有些觀點已經過時了。

其中最明顯過時的觀點，就是把 DCGAN 奉為圭臬。現在大部份人都改投向 WGAN 的懷抱，而**自我注意 GAN**（Self-Attention GAN，SAGAN，編註：下一章會介紹）在未來可能會逐漸走紅。不過其中也有許多觀點值得參考，像是用 Adam 優化器取代簡單的隨機梯度下降法，這點已經沒有爭議 註19。我們建議你一條條看完，這些可都是 GAN 發展史上的重要里程碑。

這些實用的技巧共有 6 條，底下即為您一一介紹：

▌5.4.1 將輸入正規化

幾乎所有機器學習文件（包括 Soumith Chintala 整理的資訊）都說，最好別漏掉這個動作，乖乖把影像像素資訊正規化到 -1 與 1 之間。跟其他機器學習一樣，正規化通常會讓計算更順利。此外，為了讓輸入、輸出都符合同樣限制，最好將生成器的輸出也使用激活函數 tanh 轉換到 -1 與 1 之間（編註：以便將生成的樣本直接輸入到鑑別器中判定真假）。

註19：為何 Adam 比單純的隨機梯度下降法（SGD）好？因為 Adam 是 SGD 的一種擴展，實作時表現較佳。Adam 是一種結合 SGD 與一些訓練技巧後打包起來的套件。

▌5.4.2 批次正規化

批次正規化在第 4 章已經詳細討論過了,為了完整起見,我們這裡一併列出。不過批次正規化的相關評價其實已有改變:最初批次正規化被認為是種很成功的技術,但最近發現它有時候也會產生不好的影響,尤其是使用在生成器時[20]。不過使用在鑑別器時,結果倒是都很好[21]。

▌5.4.3 梯度懲罰

這個訓練技巧在 Chintala 的榜上名列第 10,其概念是,若梯度的**範數**(norm, 編註: 可看成是所有梯度的長度,例如取所有梯度的平方和再開根號)過高,那一定是哪裡有問題而需要調整。直到今日,BigGAN 等神經網路仍在這方面持續努力,我們會在第 12 章介紹[22]。

不過單純的權重裁剪(將權重限縮在某個範圍之內)有可能會導致梯度消失或爆炸,這在深度學習中很常見[23]。為了避免這個問題,我們可以將鑑別器的梯度範數加上與其輸入相符的限制,換個比較易懂的說法,若是輸入內容的改變不大,那麼權重的調整幅度也不應該太大。這種技巧在深度學習是家常便飯,雖然在其他地方也可以用[24],但在 WGAN 中超級重要,類似的技巧在很多論文裡都有出現[25]。

註20: 參見:Gulrajani et al., 2017, http://arxiv.org/abs/ 1704.00028。

註21: 參見:"Tutorial on Generative Adversarial Networks—GANs in the Wild," by Soumith Chintala, 2017, https://www.youtube.com/watch?v=Qc1F3-Rblbw。

註22: 參見:"Large-Scale GAN Training for High-Fidelity Natural Image Synthesis," by Andrew Brock et al., 2019, https://arxiv.org/pdf/1809.11096.pdf。

註23: 參見:Gulrajani et al., 2017, http://arxiv.org/abs/ 1704.00028。

註24: 這篇文章採用了很多強化學習的想法,包括把鑑別器稱作評論員(critic)。

註25: 參見:"Least Squares Generative Adversarial Networks," by Xudong Mao et al., 2016, http://arxiv.org/abs/1611.04076。另見:"BEGAN: Boundary Equilibrium Generative Adversarial Networks," by David Berthelot et al., 2017, http://arxiv.org/abs/1703.10717。

現在市面上的深度學習框架都有提供梯度懲罰的功能，所以不需要在實作細節（超出本書範圍）上花太多精力。一些頂級研究人員（包括 GAN 之父 Goodfellow）最近在 ICML2018 發表了更聰明的方法，但尚未得到學術界的廣泛認可 [註26]。為了提升 GAN 的穩定性，很多研究還在持續進行中，例如 **Jacobian 箝制**（Jacobian clamping，不過這種方法還待驗證）等，至於效果如何，我們還需拭目以待。

5.4.4　給鑑別器更多的訓練

最近有許多實驗發現，讓鑑別器多受點訓練其實挺有用的。在 Chintala 的原始榜單上，這條是被標記「不確定」，所以請謹慎使用。主要是透過兩種方法實現：

● 在訓練生成器前，先訓練鑑別器一陣子。

● 每個訓練循環多訓練鑑別器幾次。常見的比率是，每更新鑑別器權重五次，才更新生成器權重一次。

用深度學習研究人員 Jeremy Howard 的話來說，GAN 在剛開始訓練時就像是「盲人給瞎子引路」，所以我們最好從一開始就不斷把真實資料的分佈充份傳達給鑑別器（**編註：** 以便由它來有效帶動雙方的進步）。

5.4.5　避免稀疏梯度

稀疏梯度（常見於最大池化或 ReLU，**編註：** 這裡是指有部份資訊失真或遺失）絕對會增加訓練的困難度，原因如下：

● 有些資訊在簡化後會過度失真，**最大池化**（max pooling）就是一個例子，不妨這樣思考：若我們使用標準的最大池化，卷積層只會保留其視野中的最大值，之後要用轉置卷積（假設用 DCGAN）重建資訊的話，失真度會

註26：參見：Odena et al., 2018, http://arxiv.org/abs/1802.08768。

比較大。若使用**平均池化**（average pooling），至少可以知道平均值是多少。雖說它仍然不是完美選擇（還是會失真），但已經比較好了，畢竟平均值比最大值更具代表性。

● 另一個問題是資訊遺失，用 ReLU 當激活函數比較需要擔心這個問題。你可以先思考看看有多少資訊會因這個操作而遺失，因為之後可能得想辦法重建回來。先提醒一下，ReLU(x) 就是簡單的 max(0,x)，這表示所有的負數資訊都會消失。若我們想辦法承接這些負數資訊並標明它們的不同，就能保留這些資訊。

方法很簡單：**Leaky ReLU**（例如當 x 為負數時輸出「0.1 乘以 x」，不然就輸出 x）完全符合以上需求，再加上平均池化，就可以解決很多類似的問題。其實還有其他的激活函數可用（像是 sigmoid、ELU、tanh 等），但最常用的還是 Leaky ReLU。

> **★說明** Leaky ReLU 的參數可以是任何數字，通常 0 < n < 1。當輸入值 x 小於 0 時，就會將 x 乘以此參數做為輸出。

總之，我們得努力減少資訊遺失，並使資料盡可能以合理的邏輯傳遞，以避免將某些不精確或誤解的資訊反向傳播給 GAN，因為 GAN 會從中學習如何分析資料。

5.4.6 使用標籤平滑或增加標籤雜訊

我們可以使用多種方法來使**標籤平滑**或**增加標籤雜訊**（soft or noisy labels）（ 編註：這裡的標籤是指鑑別器所使用的標籤）。Ian Goodfellow 建議用單面標籤平滑（one-sided label smoothing，例如將分類標籤範圍限縮在 0~0.9），但在不管是在標籤上增加雜訊還是限縮範圍都是很好的方法。

重點整理

- 我們已了解生成模型在評估品質時的難處，也知道該根據何種明確標準，決定何時該停止 GAN 訓練。

- 要評估影像樣本的品質，目前已有多種技術可用，其效能遠遠勝過單純的統計評估。

- 本章提到 3 種訓練設計：從賽局理論借鏡的 Min-Max GAN、試探性的非飽和 GAN、最新也最有理論基礎的 Wasserstein GAN。

- 可加速訓練的技巧包括：

  » 將資料**正規化**，這在機器學習已經算是標準流程了

  » **梯度懲罰**可讓訓練過程更穩定

  » 為了能訓練出更好的生成器，得讓鑑別器先「熱身」（預先訓練過），這樣才能給生成樣本一個更高的標準

  » 要避免**梯度稀疏**，因為這樣會使資料在傳遞過程中失真

  » 不使用標準的二元分類標籤，試著做點**標籤平滑**或**加點雜訊**

chapter **6**

漸進式 GAN
（PGGAN）

本章內容

- 在訓練過程中，以漸進方式逐步擴充鑑別器與生成器的神經網路規模

- 讓訓練更穩定，並輸出更多樣、更高品質、更高解析度影像的技巧

- 使用 TFHub，這是一個集中存放各種優秀模型與 TensorFlow 程式碼
  的儲存庫

本章會手把手教你使用 TensorFlow 和最近發佈的 TensorFlow Hub（TFHub）來打造**漸進式 GAN**（Progressive GAN，又名 **PGGAN** 或 **ProGAN**），這是一種能生成超高畫質擬真照片的先進技術。在 2018 年國際 ICLR 大會（International Conference on Learning Representations，頂級機器學習會議之一）上，這項技術引起了巨大轟動，Google 因此馬上把它納入草創不久的 TensorFlow Hub 中。Yoshua Bengio（深度學習的元老級人物）還曾大力稱讚：「好到難以置信」。此技術甫一發表，就變成學術演講和實驗專案的熱門題目。

我們建議你用 TensorFlow 1.7 或更新的版本來跑本章的範例程式，本章在撰寫時是用 1.8 版（當時的最新版本）。本章將介紹漸進式 GAN 的重要改良，主要有 4 種：

● 以**漸進方式擴充神經網路**，逐步提高生成圖片的解析度

● **小批次標準差**（Mini-batch standard deviation）

● **均等學習率**（Equalized learning rate）

● **逐像素特徵正規化**（Pixel-wise feature normalization）

本章講述的內容主要分成兩大部份：

● 介紹漸進式 GAN 的關鍵改良，也就是前面提到的 4 大改良。至於漸進式 GAN 的其他部份實在太龐雜，本書無法一一說明。

● 到 TFHub 下載預訓練好的模型來實作漸進式 GAN。TFHub 是一個專門儲存各種現成機器學習模型的儲存庫，概念上跟安裝軟體套件時常用的 Docker Hub、Conda、PyPI 等差不多，Google 在 TFHub 提供了許多預先訓練好且可隨時下載的模型與程式。我們可以利用這些模型來生成圖片，並利用潛在空間的插值（interpolation），來控制所生成樣本的視覺特徵。藉由操作生成器潛在空間中的種子向量，就能生成不同的影像，這在前面的章節中都已經介紹過了。

這次 PGGAN 的實作不像前面一樣從零開始，而是改由 TFHub 下載，原因有 3 個：

1 我們希望讀者（特別是業界人士）有機會接觸一些最實用的軟體套件，以加快工作流程。想用 GAN 快速解決問題嗎？只要在 TFHub 挑一組現成的模型來用就好。現在的 TFHub 應該比我們撰寫本章時有更多的內容，包括很多值得參考的程式（如第 12 章的 BigGAN 與第 5 章的 NS-GAN）。我們希望能給讀者更好用、更先進的範例，因為這是機器學習的趨勢：讓機器學習能自動自發地做越多事越好，這樣我們才能把力氣放在更重要的事情上（做出有用的東西）。類似的工具還有 Google 的 Cloud AutoML（https://cloud.google.com/automl/）與 Amazon 的 SageMaker（https://aws.amazon.com/sagemaker/），甚至連 Facebook 也都推出了 PyTorch Hub。

2 原版 PGGAN 可是 NVIDIA 研究人員花了一到兩個月的時間才能順利運作。所以我們認為，要從零開始打造 PGGAN 有點曠日廢時不切實際，更何況之後還得花不少時間做測試或排除問題 **註1**。TFHub 提供的 PGGAN 可是百分之百能使用的，這樣你就可以把時間省下來做其他事情！

3 我們想把 PGGAN 最重要的改良介紹給讀者，但無法把所有的實作細節（包括程式碼）全塞進本章內，就算有 Keras 幫助，整個程式依然十分龐大。用 TFHub 可以省去撰寫一堆枯燥乏味的程式碼，這樣便能將注意力集中在更重要的地方。

註1：參見："Progressive Growing of GANs for Improved Quality, Stability, and Variation, by Tero Karras, 2018, https://github.com/tkarras/progressive_growing_of_gans。

6.1 於潛在空間中做插值

第 2 章曾提到，我們可在維度較低的層（潛在空間）輸入亂數種子，以生成擬真的樣本。從第 4 章的 DCGAN 到現在的漸進式 GAN，其潛在空間都具有特殊意義（與生成的樣本具有特殊關聯）：我們可以在此操縱某些向量來控制所生成的影像，例如在每張人像上加副眼鏡，或是在潛在空間中任選兩個向量，讓資料從一個向量逐漸移動到另一個向量，生成影像便會有對應的動態變化。

這些向量的漸變值就稱為**插值**（interpolation），整個過程如圖 6.1 所示。正如 BigGAN 的作者所說，從向量轉變的過程中，可看出 GAN 對潛在空間資料結構的詮釋。

圖 6.1：我們可在潛在空間中對兩組向量做插值，是因為向量在傳遞給生成器後會產生一致並可預測的結果；輸出影像不會因為潛在空間中 smooth 的向量改變，而出現參差不齊或太突兀的變化，一切都有脈絡可尋。比如說，若我們想要「融合」兩張人像，只需將兩者於潛在空間的映射向量平均起來即可。

編註：彩色圖片可連網到本書專頁觀看（詳見本書最前面的專頁說明）。

6.2 進展快速的 PGGAN

從前面幾章中，你應該已經了解 GAN 哪裡好用、哪裡難用。諸如模式崩潰（整體分佈中只能生出其中幾種樣本）和無法收斂（導致成果品質差的原因之一）等術語對你來說已不再陌生。

芬蘭的 NVIDIA 小組（Tero Karras 等人）發表了一篇領先群雄的論文：《Progressive Growing of GANs for Improved Quality, Stability, and Variation》。文中提出了 PGGAN 的 4 項基本改良，底下依序介紹：

▌6.2.1 以漸進方式擴充圖層解析度

在深入探討漸進式 GAN 之前，我們先從一個簡單的比喻開始。假設你從山上往下俯視，看到許多山谷，裡頭有漂亮的村莊和小溪流過，這種環境通常適合居住；抬頭仰望則會看到很多山頂，不僅崎嶇不平而且氣候惡劣，當然不適合居住。差勁的環境就相當於損失函數，要把損失減到最小，就要想辦法往下坡走，因為山谷那邊環境最好。

我們可以將訓練想像成：把登山客隨便丟在山區的任意地方，讓他想辦法下坡進入山谷。這就是隨機梯度下降法的基本原理，我們在第 10 章會更深入探討。若登山客很不幸被我們丟到一個地形很複雜的山區，他會找不到下山的路。由於周圍的空間崎嶇不平，要找到地勢低又適合人住的山谷，談何容易。這時若能用廣角鏡頭將視野拉遠，擴大整體概念、降低細部的複雜度，便可幫助登山客對該區域有整體的了解，以便找到正確的下山方向。

當登山客越來越接近山谷時，我們再逐步將鏡頭拉近以增加局部資訊、提升細部複雜度，用更精確的細節取代粗糙的紋理，來指引他下山。這種方法的好處在於，他比較容易選擇最好走的路線，例如沿著乾燥的小路走，以便快速下山。這就是**漸進式擴充**：隨著我們的前進，逐步提高地形的解析度。

若你曾在電腦遊戲的開放世界或 Google Earth 的 3D 模式下快速縮放地圖，那你應該知道，將周遭地形解析度驟然提高的感覺並不好，因為很多東西會一下子冒出來，讓你眼花繚亂。所以我們得根據登山客與目標的距離，逐步緩慢地增加複雜度。

改用專業術語來說，就是從低解析度的卷積層開始訓練，再逐漸擴充到高解析度卷積層。先從較簡單的卷積層開始，訓練完再進入較難掌握梯度方向的高解析度卷積層。例如我們從最簡單的 4×4 開始，分數個階段增加複雜度，直到能生成 1024×1024 的影像為止，如圖 6.2 所示。

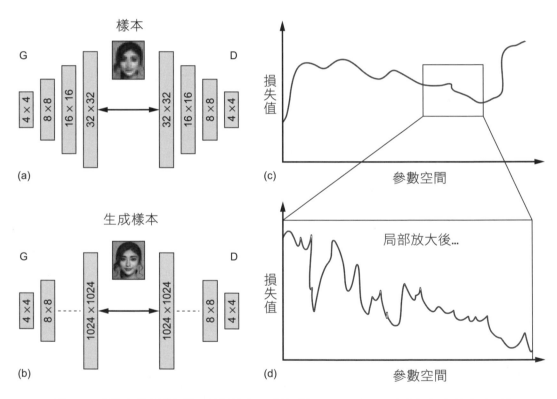

圖 6.2：我們先從 (a)/(c) 的平滑過的山脈「總體概要」開始，逐步將解析度放大到 (b)/(d) 來增加複雜度，整個訓練過程就是逐步擴充卷積層來分階段優化。這樣會輕鬆許多，因為在起伏（損失值）較小的山區較容易找到下坡方向。你可以這樣思考：當資料結構很複雜時 (b)，損失值的起伏會太大，以致難以找到優化方向 (d)；此時由於維度太大，牽涉到的參數太多（尤其是在前面幾層），種種影響會使訓練難以控制。然而，若先忽略一部份的複雜度 (a)，就比較容易進行優化 (c)；一旦接近正確的優化狀態，再增加複雜度，然後繼續優化。這樣就能順利從 (a)/(c) 逐步進展到 (b)/(d)。

整個流程的瓶頸在於，每多擴充一層（維度增加，例如從 4×4 到 8×8），都會為訓練帶來很大的衝擊。為了解決這個問題，PGGAN 作者在每次擴充時都加了「緩衝」，使整個系統有更多時間適應倍增的解析度，如圖 6.3 所示。

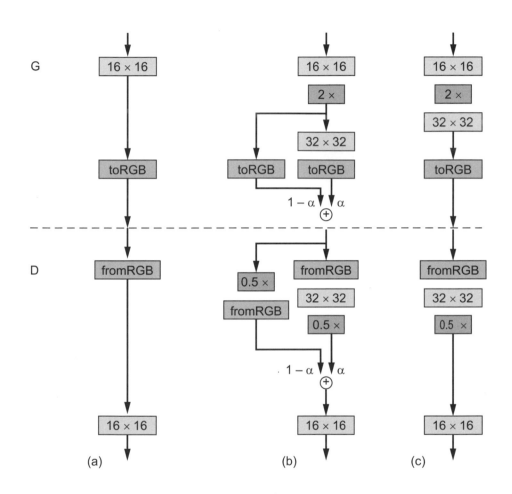

圖 6.3：當某一階段（例如 16×16）已充份訓練後 (a)，便可在生成器（G）加一轉置卷積層，並在鑑別器（D）加一卷積層，充當 G/D 進入下一階段（32×32）的「介面」(b)。但資料傳遞要兵分二路：乘以 (1 - α) 的是上階段訓練後直接做插值放大的結果，乘以 (α) 的則是通過新增加的 32×32 轉置卷積的結果（此層有待訓練以進行優化）。**編註：** 在 (b) 及 (c) 上方的 2× 方塊表示要將維度放大 2 倍，放大的方法可能使用插值或轉置卷積層。下方的 0.5× 則表示要縮小一半，方法可能是直接縮小或使用卷積層。

如圖 6.3 的 (b)，不直接套用雙倍解析度，而是用一個介於 0 到 1 的參數 alpha（ α ）做過渡調整。Alpha 會決定我們採用新（擴增後）、舊（擴增前）結構的輸出比例。至於鑑別器那邊，只需做對應的反向處理，然後將解析度縮小一半（0.5x）以進入後面的 16×16 卷積層。一旦圖 (b) 的訓練穩定下來，便可全面採用該階段的正常結構做訓練，如圖 (c)。整個訓練完畢後，再接著用同樣方法擴充到更高的解析度。

▌6.2.2　程式觀摩

接下來我們會陸續用程式實作 PGGAN 的 4 種改良，並把程式碼分為 4 個小節來討論。之後你可以試著練習看看：取一組現成的 GAN 架構，再把這些程式碼全部套用進去。若你已準備好，請按照老規矩，先匯入這些可靠的機器學習套件吧：

```
import tensorflow as tf
import keras as K
```

> ★ 編註　小編在 Colab 中使用 Keras 2.4.3、Tensorflow 2.3.0、Python3.6.9 可以正常執行本節程式。不過 6-4 節的程式只適用於 tensorflow 1.x，若要用 tensorflow 2.x 執行，請參考 6-4 節的編註與小編補充。

首先是**漸進式擴充**（progressive smoothing）的實作，如下面程式 6.1。

程式 6.1　漸進式擴充

```
def upscale_layer(layer, upscale_factor):
    '''
    將該層（即 layer 參數，為張量型別）依照指定的倍數
    （即 upscale_factor 參數，為整數）放大。
    張量的 shape 為：[group（ 編註: 樣本數）, height, width, channels]
    '''
```

接下頁

```
        height = layer.get_shape()[1]
        width = layer.get_shape()[2]
        size = (upscale_factor * height, upscale_factor * width)
        upscaled_layer = tf.image.resize_nearest_neighbor(layer, size)
        return upscaled_layer
```
編註：假設 layer 的 shape 為 (G,H,W,C)，
則放大 2 倍時會傳回 (G,2H,2W,C)

```
def smoothly_merge_last_layer(list_of_layers, alpha):
    '''
```
根據閾值 alpha 合併緩衝的圖層資料。函式預設是要生成 RGB 影像。
此為生成器專用函式。
```
    :list_of_layers : 包含所有圖層張量的 list，解析度大的排後面
    :alpha          : 介於(0,1) 的浮點數
    '''
```
提示！ 若你用的不是 Keras 而是純粹的 TensorFlow，部份程式碼可能需要調整
```
    last_fully_trained_layer = list_of_layers[-2]
    last_layer_upscaled = upscale_layer(last_fully_trained_layer, 2)
```
└── 用最後一個已訓練好的圖層張量，直接
　　作插值來輸出一個兩倍解析度的張量

```
    larger_native_layer = list_of_layers[-1]
```
◄── 新加入的圖層張量，
　　此層還未經訓練

```
    assert larger_native_layer.get_shape() == last_layer_upscaled.get_shape()
```
└── 確保 2 個圖層張量可以合併（shape 相同）

```
    new_layer = (1-alpha) * last_layer_upscaled + larger_native_layer * alpha
```
└── 依 alpha 的比例合併圖層張量

```
    return new_layer
```

　　我們盡可能略去不必要的細節，你應該可大致了解漸進式擴充的運作方式，其實就是這麼簡單。儘管 Karras 等並非第一個提出「將訓練過程分階段，並逐步增加模型複雜度」想法的人，但他所提出的模型是目前為止最有前途的模型，所以也啟發了最多創新。到筆者撰稿時，這篇論文已被引用了 730次，前景大好。我們接著介紹下一個重大改良。

6.2.3 小批次標準差

Karras 等人在論文中引進的另一個改良，是**小批次標準差**（Mini-batch standard deviation）。在深入探討前，我們先回顧一下第 5 章提到的模式崩潰，這是指 GAN 只學會生成少數類型的樣本，或是連生成都談不上的簡單重組而已。在生成人臉照片時，我們當然希望 GAN 能生成真實資料集中所有人的臉，而不是光生成其中某幾位女性的臉。

因此，Karras 等人發明了一種方法，使鑑別器能判斷生成的樣本是否夠多樣。這個方法就是為鑑別器設計一個專屬的統計變異量，也就是同一批樣本（來自生成器或真實樣本）所有像素的標準差。這個方法其實簡單又優雅：讓鑑別器去比較這批影像像素的標準差，如果看起來太低，八成就是假的，因為真實影像的標準差大多了 [註2]。因此生成器要想騙過鑑別器的話，就只能想辦法增加生成樣本的標準差了。

這種技巧不但超級直覺，實作上也很簡單，不過只限鑑別器使用。雖然我們不想增加太多的可訓練參數，但只多加一個還可以忍受，而且這個參數可以像特徵圖一樣「疊起來」（也就是把它當成 tf.shape 結果的最後一維）。

詳細過程如下，實作可參考程式 6.2：

1 [4D -> 3D]：先計算該批次所有影像每個**位置**（高度、寬度和顏色通道）的像素標準差，讓所有標準差能以一個影像張量的維度表示。（**編註：** shape 的變化為 [G,H,W,C] → [H,W,C]）

2 [3D -> 2D]：再把三顏色通道的標準差加起來求平均，可得出所有像素（所有顏色合在一起算）的標準差特徵圖。（**編註：** shape 的變化為 [H,W,C] → [H,W]）

註2：可能有些人會持反對意見，因為當採用的真實資料本身就有很多相似圖片時，這種情況也有可能發生。儘管從技術上來說沒錯，但實際情況不是那樣；相似度這種東西，只要跟周圍像素一比較就看的出來。

3 [2D -> 純量 /0D]：再把上一步特徵圖的所有元素加起來求平均，便可得到單一純量。

> **◆編註** 以上過程說明和程式 6.2 的實作有些差異，不過在精神上是差不多的。程式 6.2 會先將樣本分為幾組來處理，其運作方式參見程式註解，所使用到的幾個 method 在程式後面的小編補充中會做簡單說明。
>
> 另外，程式 6.2 的倒數第 3 及 4 行都有一點小錯誤，詳見這二行的程式註解。不過由於此程式只做為示範之用，所以有錯誤並不會影響到其他程式。

程式 6.2 小批次標準差

```
def minibatch_std_layer(layer, group_size=4):
    '''
    計算某批次圖層張量的小批次標準差。
    會使用到 Keras 及 Tensorflow 套件。
    圖層像素的預設型別為 float32。若為其他型別請自行做必要的調整。
    注意：在 Keras 中其實有效率更高的工具可用，但我們為了示範所以一行行實作
    （以方便理解）。
    讀者可以自己練習看看。
    '''
```

└── **編註**：取「group_size 及樣本數」的較小者

```
    group_size = K.backend.minimum(group_size, tf.shape(layer)[0]) ◄
```

提示：若你用的不是 Keras 而是純粹的 TensorFlow，部份程式碼可能需要調整。張量中的樣本數量必須是 group_size 參數的整數倍（可被整除），或小於等於 group_size。

```
    shape = list(K.backend.int_shape(input)) ◄
```

取得輸入張量的shape，以方便後續程式使用（**編註**：shape 應為 (樣本數,H,W,C)）

```
    shape[0] = tf.shape(input)[0] ◄
```

有時 Keras 在實際訓練前會以 None 來表示批次量，因此這裡再用 tf.shape() 來取得樣本數

```
    minibatch = K.backend.reshape(layer,
            (group_size, -1, shape[1], shape[2], shape[3])) ◄
```

將張量重塑為 [分組數量(G), 小批次量(M), 高度(H), 寬度(W), 顏色通道(C)]，以便分成 group_size 個小批次做個別運算。但請注意：若是改用 Theano 等後端，shape 的順序要跟著改變

接下頁

6-11

```
minibatch -= tf.reduce_mean(minibatch, axis=0, keepdims=True) ◄┐
```
　　　　　　　　　　　　將各組相同位置的元素（依照像素位置 [M, H, W, C]）
　　　　　　　　　　　　減掉其平均值，使其分佈變成以 0 為中心

```
minibatch = tf.reduce_mean(K.backend.square(minibatch), axis = 0) ◄┐
```
　　　　　　　　　　　　計算各組相同位置元素（依照像素位置[M, H, W, C]）
　　　　　　　　　　　　的變異數（**編註：** 注意這裡輸出的 shape 為 (M, H, W,
　　　　　　　　　　　　C)，因沿著第 0 軸（G 軸）做計算，所以 G 軸消失了）

```
minibatch = K.backend.square(minibatch) ◄┐
```
　　　　　　　　　　　　計算各組相同位置元素（依照像素位置 [M, H,
　　　　　　　　　　　　W, C]）的標準差（**編註：** 這裡的 square 應改為
　　　　　　　　　　　　sqrt 才對，就是將變異數開根號成為標準差）

```
minibatch = tf.reduce_mean(minibatch, axis=[1,2,4],
                           keepdims=True) ◄┐
```
　　　　　　　　　　　　計算每個樣本中所有標準差的平均值，結果
　　　　　　　　　　　　shape 為 [M,1,1,1]（**編註：** 這裡的 axis 應為[1,2,**3**]
　　　　　　　　　　　　才對，因只有 0~3 軸。假設只有 2 個樣本而平均
　　　　　　　　　　　　值為 3 及 5，則結果為 [[[[3]]],[[[5]]]]，也就是
　　　　　　　　　　　　M 軸有 2 維而其他軸均 1 維）

```
minibatch = K.backend.tile(minibatch, [group_size, 1, shape[2],
                           shape[3]]) ◄┐
```
　　　　　　　　　　　　將以上的樣本純量（**編註：** 每個樣本的
　　　　　　　　　　　　平均值，其 shape 為 [M,1,1,1]）擴展為
　　　　　　　　　　　　shape[M*G, 1, W, C]，以做為樣本特徵圖

```
return K.backend.concatenate([layer, minibatch], axis=1) ◄┐
```
　　　　　　　　　　　　把新產生的樣本特徵圖沿著第 1 軸串接到原來的
　　　　　　　　　　　　張量中（**編註：** 例如原始 shape 為 (N, H, W, C)，
　　　　　　　　　　　　和 (N, 1, W, C) 的串接結果為 (N, H+1, W, C)）

★ 小編補充 以上程式中用到的幾個 tf 及 Keras 的 method 簡單說明如下，更多細節可上網 Google：

- **tf.reduce_mean** (tensor, axis=0)：沿著第 0 軸計算張量在其他軸的平均值，例如張量值為 [[1,2,3], [3,4,5]]，則結果為 [2,3,4]。若加 keepdims=True，則結果為 [[2,3,4]]（會保留第 0 軸以維持原來的軸數，shape 由計算前的 (2,3) 變成 (1,3)，仍為 2 軸）。

- **K.backend.square** (tensor)：將各元素平方，例如張量值為 [[1,2], [3,4]]，則平方的結果為 [[1,4], [9,16]]。而 **K.backend.sqrt** (tensor) 則可將各元素開根號，例如張量值為 [[1,4], [9,16]]，則結果為 [[1,2], [3,4]]。

- **K.backend.tile** (tensor, multiples)：將張量在各軸依指定倍數擴展，例如張量 shape 為 (2,3,4)，而 multiples 為 [2,3,1]，則結果的 shape 為 (4,9,4)。又例如將值為 [[1,2], [3,4]] 的張量，以 (2,2) 倍擴展後會變成 [[1,2,1,2], [3,4,3,4], [1,2,1,2], [3,4,3,4]]，其 shape 由 (2,2) 變成 (4,4) 了。

- **K.backend.concatenate** (tensor, tensor2, axis=1)：可將 2 個張量沿著第 1 軸串接起來，例如 [[1,2], [3,4]] 和 [[5], [6]] 沿著第 1 軸串接的結果為 [[1,2,5], [3,4,6]]，其 shape 由 (2,2)、(2,1) 串接成 (2,3)。

▊ 6.2.4 均等學習率

均等學習率（Equalized learning rate）是深度學習的一種暗黑技巧，懂的人很少。儘管 PGGAN 的研究人員在論文中有稍作解釋，但在正式口頭報告時他們避談這部份，因此這個技巧可能只是湊巧管用。畢竟湊巧管用的狀況，在深度學習中屢見不鮮。

均等學習率在實作上有很多隱藏的學問，必須先對 RMSProp 或 Adam（所使用的優化器）及權重初始化有紮實的了解，才比較能知道如何調整。不過即使不懂也無需擔心，因為其實真的沒多少人懂。

若你還是覺得好奇，那我們大概解釋一下：用一個**常數** c 將**同層所有權重**（w）都**等比例縮小**到一定範圍（w'，也就是 w'=w/c），至於每層的 c 該設多少，取決於權重矩陣的 shape。這樣的設置也可讓參數們能彼此牽制，不會因為優化而做出誇張的調整。

Karras 等人在訓練時用簡單的標準正規化，將同一層的權重控制在一定範圍內。可能有些讀者會覺得這些靠 Adam 就能做到── Adam 是可以用參數控制學習率，但有潛在的缺陷。它是靠估計參數的標準差來調整反向傳播的梯度，以確保參數不會在更新時出現劇烈變動。Adam 的學習率一般會隨梯度方向而變，但有時會無法顧及不同特徵的動態變化（資料中每個特徵隨著不同批次的變化）。另外也有人指出，均等學習率同時也解決了權重初始化時的類似問題[註3]。

如果看不懂也沒關係，建議你去看兩份參考資料：一個是 Andrew Karpathy 在 2016 年計算機科學講座中關於權重初始化的部份[註4]；另一個則是 Distill 的文章，裡頭詳細介紹了 Adam 的原理[註5]。下面程式是均等學習率的實作。

程式 6.3 均等學習率

```
def equalize_learning_rate(shape, gain, fan_in=None):
    '''
    本程式是根據 He （ 編註: 相關論文的作者 ） 提出的初始化工具，
    可透過不同常數來調整每一層的權重，以穩定每個特徵的動態變化
    shape：張量（層）的形狀：也就是每一層的維度。
    例：[4, 4, 48, 3] 是指 [kernel_size, kernel_size，輸入的特徵圖數量，輸出的特徵圖數量]。
        不過可能依實作方式而有不同。
    gain：通常是 sqrt(2)
    fan_in：內部連接數（針對每次 Xavier/He 的初始化）
    '''
    if fan_in is None: fan_in = np.prod(shape[:-1])  ◄──
```

預設值為「輸出的特徵圖數量」以外的所有維度的乘積，也就是每個神經元與上一層神經元的連結數量（ 編註: 卷積層的神經元、濾鏡、過濾器都是同義詞，有多少個神經元就會輸出多少張特徵圖。）

接下頁

註3：參見：“Progressive Growing of GANs.md,” by Alexander Jung, 2017, http://mng.bz/5A4B。

註4：參見：“Lecture 5: Training Neural Networks, Part I,” by Fei-Fei Li et al.2016,http://mng.bz/6wOo。

註5：參見：“Why Momentum Really Works,” by Gabriel Goh, 2017, Distill, https://distill.pub/2017/momentum/。

```
std = gain / K.sqrt(fan_in)  ◄──  這裡使用 He 的初始化參數。註6

wscale = K.constant(std, name='wscale', dtype=np.float32)  ◄──
                                                 設置調整用常數

adjusted_weights = tf.compat.v1.get_variable('layer', shape=shape,
    initializer=tf.tf.random_normal_initializer()) * wscale  ◄──
                                        算出權重，然後用張量擴張來做調整

return adjusted_weights
```

編註： 以上倒數第 2 行原程式有誤，小編已針對 Tensorflow2.x 版做了修正。原程式等號右邊是：K.get_value(..(略)..=tf.initializers.random_normal()) * wscale。

　　若還是不懂也別擔心，不管是在學術界還是業界，這些初始化技巧和複雜的學習率調整其實都不太重要。而且，有時候還不如直接把權重限制在 -1 跟 1 之間，效果還好一點（但此方法不是到處都能用）。接著，讓我們把焦點轉到比較明顯管用的技巧。

▌6.2.5　生成器的逐像素特徵正規化

　　為何我們連特徵都得正規化？這都是為了**追求訓練的穩定性**。NVIDIA 的作者們從經驗中發現，訓練發散的早期徵兆之一，是呈爆炸性增長的特徵值（**編註：** 就是在訓練過程中，某些特徵值變得很大）；BigGAN 的作者也有觀測到類似的現象（見第 12 章）。為了解決這個問題，Karras 等人才使用了這個技巧。老實說，GAN 經常都是這樣「頭痛醫頭，腳痛醫腳」：當遇到問題，就加入某種機制來避免它發生。

　　大多數神經網路都會使用某種形式的正規化，通常不是批次正規化就是虛擬批次正規化（virtual batch normalization，VBN，**編註：** 簡單來說，就是在訓練之前先指定一份固定參考的批次樣本，然後在每批次進行正規化時，也會額外參考這份樣本，以避免過度受到目前批次樣本的影響）。表 6.1 整理了本書到目前為止介紹過的 GAN 正規化技術，包括第 4 章（DCGAN）和第

註6：見："Delving Deep into Rectifiers: Surpassing Human-Level Performance on ImageNet Classification," by Kaiming He et al., https://arxiv.org/pdf/1502.01852.pdf。

5 章（其他版本的 GAN 與梯度懲罰）都有用到。不過為了使批次正規化（或其虛擬版本）能達到預期效果，批次量必須夠大，才能稀釋單一樣本的影響。

表 6.1：GAN 所使用到的正規化技巧

工具	作者	生成器正規化	鑑別器正規化
DCGAN	(Radford et al., 2015, https://arxiv.org/abs/1511.06434)	批次正規化	批次正規化
改良過的 GAN	(Salimans et al., 2016, https://arxiv.org/pdf/1606.03498.pdf)	虛擬批次正規化	虛擬批次正規化
WGAN	(Arjovsky et al., 2017, https://arxiv.org/pdf/1701.07875.pdf)	—	批次正規化
WGAN-GP	(Gulrajani et al., 2017, http://arxiv.org/abs/1704.00028)	批次正規化	層的正規化

既然正規化那麼常用，其重要性當然不在話下；不過為何不乾脆用批次正規化就好？這是因為對一般影像處理來說，批次正規化太佔記憶體。我們得採取一些折衷手段，既能將樣本分批處理（可載入 GPU 的記憶體進行平行運算），表現也不會太差。這就是我們採用逐像素特徵正規化的原因。

從演算法來看，逐像素特徵正規化是在影像資料傳遞到下一層之前才做：

逐像素特徵正規化

....

1. 將所有特徵圖「**在同一位置的像素**」視為一個向量，因此若特徵圖有 W×H 個像素，就會有 W×H 個向量。假設某卷積層會輸出 32 張 16×10 的特徵圖，那麼就會有 16×10=160 個向量，而每向量中都有 32 個元素。

2. 分別對每個向量做正規化。

3. 將正規化的結果（特徵圖）傳遞到下一層。

整個逐像素特徵正規化的過程如圖 6.4 所示。Step 3 其實可用公式 6.1 表示。

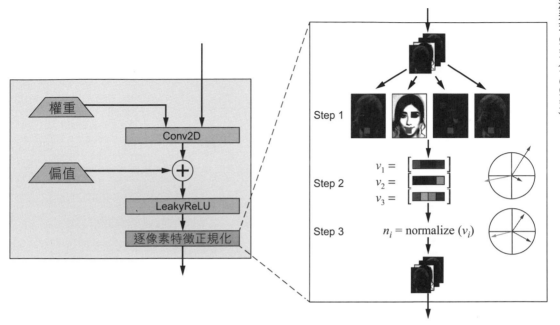

圖 6.4：逐像素特徵正規化是在呼叫激活函數後進行（如左圖），進行方式如右圖：將屬於影像同一位置（Step1）的像素值合成同一個向量（Step2）並進行正規化（Step3），使得所有像素值都被縮放到同一範圍（通常介於 0 與 1 之間）。

編註： 彩色圖片可連網到本書專頁觀看。

$$n_{(x, y)} = \frac{a_{(x, y)}}{\sqrt{\frac{1}{N} \sum_{j=0}^{N-1} (a_{x,y}^j)^2 + \varepsilon}} \qquad \text{（公式 6.1）}$$

圖 6.4 中，Step 2 建立的向量就是根據此公式進行正規化：算出平方和後取平均再開根號，以此做分母，將位於同一點（x, y）的所有像素值除以此分母做縮放。公式中有個添加項（ε），這是為了避免「分母為 0」所做的保險，它通常是一個很小的數值（例如 10^{-8}）。詳細過程可以去看這篇 2012 年的論文："ImageNet Classification with Deep Convolutional Neural Networks," by Alex Krizhevsky et al. (http://mng.bz/om4d)。

不過要注意的是，這個技巧只需用在生成器上；這是因為只有在兩個神經網路都爭相擴大激活函數所輸出的特徵值時，才會造成特徵值呈爆炸性增長而兩敗俱傷，所以我們只要限制住**生成器**的特徵值不要過度擴大，即可避免發生這類的問題。程式碼如下：

程式 6.4　逐像素特徵正規化

```
def pixelwise_feat_norm(inputs, **kwargs):
    '''
    此逐像素特徵正規化是由 Krizhevsky 等人於 2012 年提出。
    傳回值為正規化後的 inputs
    :inputs : Keras / TF 層
    '''
    normalization_constant = K.backend.sqrt(K.backend.mean(
        inputs**2, axis=-1, keepdims=True) + 1.0e-8)
    return inputs / normalization_constant
```

★ **小編補充** 假設 inputs 的 shape 為（樣本數 , H, W, C），C 為特徵圖的數量（深度），那麼程式會先將 inputs**2（將每個元素平方），然後沿著最後一軸（C 軸）取平均值再開根號，由於 keepdims=True，所以會保留最後一軸（但維度變成 1），結果張量的 shape 為（樣本數 , H, W, 1）。最後我們再將 inputs 除以此張量進行正規化（此時被除的張量會先自動擴張為（樣本數 , H, W, C），再參與除法運算）。另外，倒數第 2 行的最後加了一個很小的值 1.0e-8，此即公式 6.1 中的 ε，用來避免標準差可能為 0 的狀況，以免最後一行發生除以 0 的錯誤。

6.3 PGGAN 的關鍵改良總結

　　我們已經介紹了 4 種可讓 GAN 訓練進化的重要改良，它們免不了會互相影響。PGGAN 的作者整理出了一個表，來幫助我們了解它們之間的交互作用，見圖 6.5。

訓練組態	CELEB-A					MS-SSIM	LSUN BEDROOM					MS-SSIM
	Sliced Wasserstein distance $\times10^3$						Sliced Wasserstein distance $\times10^3$					
	128	64	32	16	Avg		128	64	32	16	Avg	
(a) Gulrajani et al. (2017)	12.99	7.79	7.62	8.73	9.28	0.2854	11.97	10.51	8.03	14.48	11.25	**0.0587**
(b) ＋ 漸進式增長	4.62	**2.64**	3.78	6.06	4.28	**0.2838**	7.09	6.27	7.40	9.64	7.60	0.0615
(c) ＋ 較小的批次量	75.42	41.33	41.62	26.57	46.23	0.4065	72.73	40.16	42.75	42.46	49.52	0.1061
(d) ＋ 修正過的訓練參數	9.20	6.53	4.71	11.84	8.07	0.3027	7.39	5.51	3.65	9.63	6.54	0.0662
(e*) ＋ 小批次判別	10.76	6.28	6.04	16.29	9.84	0.3057	10.29	6.22	5.32	11.88	8.43	0.0648
(e) 小批次標準差	13.94	5.67	2.82	5.71	7.04	0.2950	7.77	5.23	3.27	9.64	6.48	0.0671
(f) ＋ 均等學習率	4.42	3.28	2.32	7.52	4.39	0.2902	**3.61**	3.32	**2.71**	6.44	4.02	0.0668
(g) ＋ 逐像素特徵正規化	**4.06**	3.04	**2.02**	**5.13**	**3.56**	0.2845	3.89	**3.05**	3.24	**5.87**	**4.01**	0.0640
(h) 全用	2.95	2.38	1.98	5.16	3.12	0.2880	3.26	3.06	2.82	4.14	3.32	0.0633

圖 6.5：這幾種技術各能有多少幫助。從這裡可以發現，引進均等學習率會讓成績大大提升（ 編註： 表中的分數越低表示結果越好），若再加上逐像素特徵正規化效果更好。若是單用像素特徵正規化而捨棄均等學習率，結果又會如何呢？表中並未交代。我們引用此表，只為了大概展示一下這些變化能帶來多大的改善（這裡頭其實有很多學問），更多細節請看下文說明。

　　PGGAN 的作者是用 **切片 Wasserstein 距離**（Sliced Wasserstein distance，SWD）當分數，這個值愈小表示效果愈好。第 5 章有提到，Wasserstein 距離（也就是推土機距離）在概念上，是指「讓兩機率密度分佈能夠相似」所需要花費的力氣，所以越短越好。論文中解釋了這些度量標準的細微差異，不過正如作者在 ICLR 上報告的那樣，其實還有更好的度量標準可以用（例如 FID，我們已在第 5 章稍微介紹過）。

　　不過從這張表也可以發現，批次處理並沒有太大效用，這是因為虛擬記憶體有限，無法將含有百萬像素的影像全都載入到 GPU 記憶體中。因此我們得把批次量改小，但這又可能會導致總體效能變差；若是把批次量縮的太小，訓練成效會更差，反而得不償失。

6.4 TensorFlow Hub 入門

Google 最近推出一個名為 **TensorFlow Hub**（TFHub）的集中式模型與程式碼儲存庫，這是 TensorFlow Extended 的一部份，也是從軟體工程邁向機器學習世界的最佳整合實踐方案。TFHub 使用起來非常容易，尤其是直接使用 Google 放在裡頭的現成模型時。我們通常只要輸入對應的 url，TensorFlow 便會自行下載並匯入 Hub 裡的模型，然後就可以直接使用了。

在模型下載的網址上都有詳盡的說明，只需用瀏覽器開啟便可看到。若想用預先訓練好的漸進式 GAN，你只需加一行程式碼便可匯入，很簡單吧！下面程式就是一個生成人臉的例子，我們只需到潛在空間中設定亂數種子，即可用它來生成人臉[註7]。所輸出的人臉如圖 6.6 所示。

◆★ 編註 底下是使用 Tensorflow 1.x 版的執行結果。若要使用 Tensorflow 2.x，請先將 Eager Execution 關閉（執行 tf.compat.v1.disable_eager_execution()），然後再將倒數第 4、5、7 行的 **tf.** 都改為 tf.compat.v1.。

程式 6.5　TFHub 入門

```python
import matplotlib.pyplot as plt
import tensorflow as tf
import tensorflow_hub as hub

with tf.Graph().as_default():
    module = hub.Module("https://tfhub.dev/google/progan-128/1")
```
　　　　　　　　　　　　　　　　　　　　從 TFHub 載入漸進式 GAN 模型
```python
    latent_dim = 512
```
　　　　　　　潛在空間（生成器會從中取樣以生成人臉）的維度
```python
    latent_vector = tf.random_normal([1, latent_dim], seed=1337)
```
　　　　　　　　　　　　　　　　指定亂數種子來生成不同的人臉

`接下頁`

註7：本 TFHub 範例是根據 Colab 提供的範例 http://mng.bz/nvEa 所改編。

```
    interpolated_images = module(latent_vector) ◄┐
                    使用模型從潛在空間生成影像。實作細節可上網查閱

    with tf.Session() as session: ◄┐
                    執行 TensorFlow session 以生成維度為（1,128,128,3）的影像
        session.run(tf.global_variables_initializer())
        image_out = session.run(interpolated_images)

plt.imshow(image_out.reshape(128,128,3))
plt.show()
```

★ 小編補充　如果想使用 Tensorflow 2.x 的 Eager Execution 模式執行，可試
試下面的程式。更多說明請參見程式中的網址（https://tfhub.dev/google/pro-
gan-128/1）。

程式　**使用 tf 2.x with Eager Execution**

```
import matplotlib.pyplot as plt
import tensorflow as tf
import tensorflow_hub as hub
import numpy as np

progan = hub.load("https://tfhub.dev/google/progan-128/1"
                  ).signatures['default']
latent_dim = 512
vector = tf.random.normal([1, latent_dim]) ◄── 參數中的 1 表示只
images = progan(vector)['default']              生成一張人臉，可
image = np.array(images[0])                      改成多張
plt.imshow(image.reshape(128,128,3))
plt.show()
```

另外，在本程式之後還有一個「TF-Hub generative image model」單元（只在範例筆
記本中有，但書中未介紹），此單元的程式在執行時會有錯誤，有興趣研究的讀者
可點選該單元第一行中的「live in Colab」連結，開啟該程式專用的 Colab 筆記本，
則不需做任何更改即可正常執行。

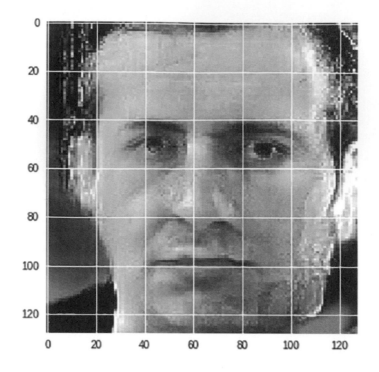

圖 6.6：程式 6.5 的輸出。可試著修改 latent_vector 中的種子來得到不同的輸出。不過雖然輸出的人臉理論上完全取決於亂數種子，但我們發現，若是改用不同版本的 TensorFlow 執行，有可能會得到不同結果。此影像是用 1.9.0-rc1 跑出來的。**編註：** 彩色圖片可連網到本書專頁觀看。

希望你可以就此開始使用 PGGAN，不管是修改或擴充程式都可以喔！不過 TFHub 上的 PGGAN 並非可生成 1024×1024 影像的完整版，而是只能生成 128×128 的精簡版。這可能是因為完整版需要龐大的計算能力，一旦牽涉到計算機視覺方面的問題時，整個模型的實作會複雜許多。

6.5 實際應用

如果想了解更多漸進式 GAN 的實際應用與生成能力，這裡有個很酷的例子，是我們在 Kheiron Medical Technologies（位於英國倫敦）的同事做的。他們最近發表了一篇論文，華麗地展示出 PGGAN 的生成能力與實用性 **註8**。

這些研究人員利用大量的乳房 X 光醫學影像資料集，合成出接近真實的全域數位式乳房攝影術（Full-Field Digital Mammography，FFDM）影像（1280×1024，如圖 6.7 所示）**註9**。這個成就的偉大之處，可以從兩方面來看：

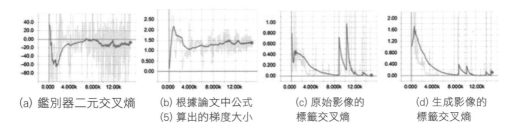

(a) 鑑別器二元交叉熵   (b) 根據論文中公式 (5) 算出的梯度大小   (c) 原始影像的標籤交叉熵   (d) 生成影像的標籤交叉熵

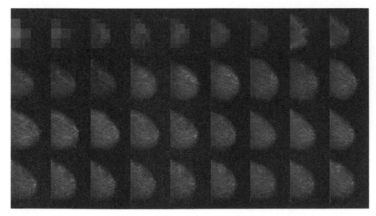

(e) 一個成功的訓練過程

圖 **6.7**：漸進式 GAN 生成的 FFDM。從這些照片可看出，生成的乳房 X 光影像解析度逐漸提高 (e)；從訓練的統計數據 (a)-(d) 來看，可知道這些 GAN 訓練起來有多麻煩，不是只有你才搞不定。

註8：參見："High-Resolution Mammogram Synthesis Using Progressive Generative Adversarial Networks," by Dimitrios Korkinof et al., 2018, https://arxiv.org/pdf/1807.03401.pdf。

註9： X 光片，用於乳癌篩檢。

● 展示出這種技術的生成能力。想想乳房 X 光影像與人臉影像有何不同（特別是在結構上）：光靠人眼看片子，其實不容易看出某塊組織有沒有問題（除非受過訓練）；但現在的神經網路，卻能以最高解析度合成出能騙過專業醫療人員的樣本。

● 顯示出這種技術在眾多領域的應用潛力，像是將生成的資料作為半監督式訓練資料集，這在下一章會提到。另外，也可以將合成的資料集用在開源醫學研究上，由於它們的擁有權（或隱私權）不屬於任何人，所以不受通用資料保護法（General Data Protection Regulation，GDPR）等法律限制。

合成出的乳房 X 光影像有多接近真實，看圖 6.8 便知。這些影像是經隨機取樣生成的（而沒有刻意挑選），然後才與資料集中最接近的影像做比較。

真實影像

生成影像

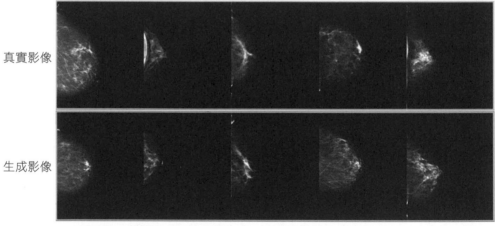

(a) 隨機採樣的「真實」和「生成」的影像樣本（頭腳向，cranial-caudal，CC）

圖 6.8： 真實資料與生成資料的比較。生成資料看起來相當真實，與訓練集中的樣本很相似。Kheiron 在後續研究 MammoGAN 時，還拿這些影像來騙過專業的放射科醫師 **註 10**。對這麼高解析度的圖片來說，這是好的開始。當然，原則上我們還是希望能用統計方法來衡量生成的品質，不過就跟我們在第 5 章說的那樣，一般標準影像都很難做到了，更不用說 GAN 任意生成的 X 光影像了。

註10：參見："MammoGAN: High-Resolution Synthesis of Realistic Mammograms," by Dimitrios Korkinof et al., 2019, https://openreview.net/pdf?id=SJeichaN5E。

GAN 不僅可以生成乳癌影像或人像，到筆者撰寫本章時，相關的醫學應用論文已有 62 篇 [11]。我們鼓勵你選幾篇看看（不過他們不全都用 PGGAN）。一般來說，許多領域都因為 GAN 而有重大突破，不過都是無意間發現的。我們希望能讓這些技術更容易上手，以供更多研究人員利用。

本章介紹的所有技巧，都能用來解決某些 GAN 的問題，但同時也會增加一些模型的複雜度。你可視狀況選擇需要的技巧，而不是全部都套用上。這在 TensorFlow Hub 也是如此：挑選你需要的現成模型來快速達成目標。其實 TensorFlow Hub 之於 TensorFlow，就相當於 Conda/PyPI 之於 Python，大多數的 Python 使用者可是經常都會用到它！

希望這個先進的 PGGAN 能開闊你的視野，讓你了解 GAN 的潛力，以及 PGGAN 如此受矚目的原因（絕不只是因為它能拿來做貓臉產生器）[12]。下一章會提供更多必要的工具，讓我們可以開始進行自己的研究。我們下章見！

註11：參見：「GANs for Medical Image Analysis」by Salome Kazeminia et al., 2018, https://arxiv.org/pdf/1809.06222.pdf。

註12：參見：Gene Kogan's Twitter image, 2018, https://twitter.com/genekogan/status/1019943905318572033。

重點整理

- 使用最先進的 PGGAN，可以合成出百萬像素的圖片。

- 這項技術包含 4 大改良：

  1. **漸進式擴充圖層**，逐步提高解析度

  2. 用**小批次標準差**確保生成樣本的多樣性

  3. 用**均等學習率**確保各梯度方向都有適當的學習率

  4. 用**逐像素特徵正規化**確保生成器與鑑別器不會爭相擴大自己的特徵值，而造成兩敗俱傷

- 我們上了一堂簡單的 TensorFlow Hub 入門課程，並使用簡單版的漸進式 GAN 生成圖像！

- GAN 還可以用來對抗癌症。

chapter

7

半監督式 GAN
（SGAN）

恭喜！本書你已經讀完超過一半了。到目前為止，你已經了解 GAN 的原理，還實作了兩個典型的 GAN 模型：最原始的 GAN、及 DCGAN。接著以 DCGAN 為基礎，又陸續衍生出許多進階的 GAN 變體，包括上一章的 PGGAN（漸進式 GAN）。

不過，GAN 就跟其他技術領域一樣，當你終於上手時，才會發現裡面的學問比想像中還要多，當你更深入了解時，卻發現所看到的只是冰山一角。

GAN 自問世以來，一直是非常活躍的研究領域，每年都有無數的進化。有一份非官方的 GAN 名單，是由《GAN 動物園》（The GAN Zoo，https://github.com/hindupuravinash/the-gan-zoo）將所有已確定的 GAN 變體都列出來，其中的 GAN 名稱均由其發明人所命名，在撰寫本文時，上面已經有 500 多種 GAN，見圖 7.1。不過，由於原始 GAN 的開山論文已被引用超過 9000 次（截至 2019 年 7 月止），它是近年來深度學習中被引用次數前幾名的論文，由此推算，GAN 變體的實際數量，可能比這個數字還高 **註 1**。

不過別灰心，儘管本書無法涵蓋所有的 GAN 變體（應該沒有任何書能辦到吧），但還是能挑選出各種在 GAN 有重要地位的技術及變體來介紹，為你打下良好的基礎。

值得注意的是，並非所有變體都跟原始 GAN 有很大差異。它們之中其實有許多跟原始 GAN 很相似，例如第 4 章提到的 DCGAN。即使是像 **Wasserstein GAN**（見第 5 章）那樣的複雜改良，也只專注在提高原始 GAN 或類似模型的性能和穩定度而已。

在本章與接下來的兩章中，我們會把重點放在與原始 GAN 差異較大的 GAN 變體上；它們不僅結構和運作邏輯都不同，發展的動機和目標也相異。我們會介紹以下三種 GAN 模型：

註 1：根據 Microsoft Academic（MA）搜索引擎的追蹤器：http://mng.bz/qXXJ。另見："Top 20 Research Papers on Machine Learning and Deep Learning," by Thuy T. Pham, 2017, http://mng.bz/E1eq。

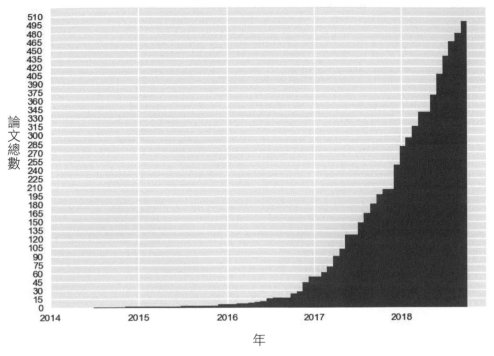

圖 7.1：GAN 自 2014 年問世到 2018 年為止累積的變體數量（ **編註：** 據查此名單只更新到 2018 年 9 月）。GAN 自推出以來，相關研究就成指數式增長，受歡迎程度目前還沒有停止的跡象，看圖就很明顯。
（來源："The GAN Zoo," by Avinash Hindupur, 2017, https://github.com/hindupuravinash/the-gan-zoo）

● **半監督式 GAN**（SGAN，Semi-Supervised GAN，本章）

● **條件式 GAN**（CGAN，Conditional GAN，第 8 章）

● **CycleGAN**（第 9 章）

　　我們會一一介紹這幾種 GAN 的目標、發展動機、模型結構、運作邏輯、訓練流程，不但會搭配實際案例來解說這些內容，還會手把手帶你實作這些模型，以便親身體驗其中的奧妙。

　　事不宜遲，讓我們開始吧！

7.1 認識 SGAN

半監督式學習是 GAN 在應用上最有前途的領域之一。與**監督式學習**（資料集的所有樣本都需要搭配標籤）和**非監督式學習**（不用任何標籤）不同，半監督式學習的訓練資料集中，只需要一小部份的標記資料（有搭配標籤的資料）就好。半監督式學習會努力從這一小撮標記資料中歸納出潛藏的內部結構，以便能有效地分類以往從未見過的新樣本。不過要讓半監督式學習能成功運作，標記和未標記的資料必須有同樣的潛藏分佈（underlying distribution）。

缺乏標記好的資料，正是機器學習在研究和實際應用上的主要瓶頸。儘管無標記的資料俯拾即是（圖片、影片或文字在網際網路上要多少有多少），但若要一個個標記，不僅費時費力也不切實際。ImageNet（一個擁有大量標記圖片的資料庫，影像處理與計算機視覺領域在過去十年有長足進步就是靠它）可是花了兩年半，才能將 320 萬張圖片用人工一一標記完成 [註2]。

百度的前任首席科學家、史丹佛大學教授、深度學習先驅**吳恩達**（Andrew Ng）認為，目前企業界絕大多數的 AI 應用都倚重監督式學習，其致命缺陷就是得靠大量的標記資料才能訓練 [註3]。醫藥界是最受缺乏標記資料所苦的領域，因為取得資料（例如臨床實驗結果）通常需要大量的人力與經費，還有道德和隱私等問題要考慮 [註4]。因此，從演算法著手，大幅降低訓練對標記資料的依賴程度，對實際應用來說是非常重要的一步。

註2：參見："The Data That Transformed AI Research—and Possibly the World," by Dave Gershgorn, 2017, http://mng.bz/DNVy。

註3：參見："What Artificial Intelligence Can and Can't Do Right Now," by Andrew Ng, 2016, http://mng.bz/lopj。

註4：參見："What AI Can and Can't Do (Yet) for Your Business," by Michael Chui et al., 2018, http://mng.bz/BYDv。

　　有趣的是，半監督式學習其實跟人類的學習方式很相似，老師在教學童讀書寫字時，不需要帶他們到處去看各種字母和數字，然後一個個教他們去認識（監督式學習的運作就是這樣）。相反的，只需要給學童們一組字母和數字的樣本，他們就能學會怎麼認字，而不用顧及字體、大小、角度、照明或其他因素。半監督式學習就是使用這種方法，有效率地訓練機器。

　　由於生成模型可以當作額外的訓練資料來源，所以能用它來提高半監督式模型的準確率。基於這點，GAN 的前途一片大好，在 2016 年，Tim Salimans、Ian Goodfellow 與其 OpenAI 的同事只用了 2000 個街景門牌號碼（Street View House Numbers，SVHN）做為標記樣本，就達到94%的鑑別準確率[註5]。當時最佳的全監督式模型，可是用了 73,257 張標記過的 SVHN 圖片，才達到 98.40% 的準確率[註6]。換句話說，半監督式 GAN 只用了不到 3% 的標記資料，就能達到接近全監督式的水準。

　　現在就來看看 Salimans 等人是如何辦到的。

▊ 7.1.1　什麼是 SGAN ？

　　SGAN（Semi-Supervised GAN，**半監督式 GAN**）也是 GAN 的一種，只是鑑別器從以前的二元分類（辨別真假）改成可以辨別 N+1 類的多元分類器：N 為訓練資料集的類型數，多出來的 1 則是指假樣本（生成器合成的）。

　　比如說，MNIST 手寫數字資料集有 10 種標籤（0 到 9），因此鑑別器就得判斷輸入樣本是 11（10+1）類中的哪一類。在此例中，SGAN 的鑑別器會輸出一組包含 10 個元素的向量，再加上一個介於 0 到 1 的數值；前者是樣本歸類的機率預測（加起來會是 1.0），後者則代表該樣本為真的機率。

註5：參見：" Improved Techniques for Training GANs," by Ian Goodfellow et al., 2016, https://arxiv.org/abs/1606.03498。

註6：參見："Densely Connected Convolutional Networks," by Gao Huang et al., 2016, https://arxiv.org/abs/1608.06993。

這不過就是把鑑別器從二元分類器變成多元分類器而已，會有什麼困難嗎？或其中隱藏了什麼玄機嗎？實際看看就知道了。我們先從架構圖看起，SGAN 的架構如圖 7.2 所示。

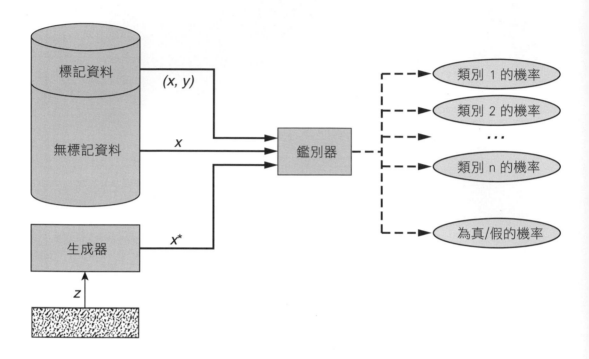

圖 7.2：在 SGAN 中，生成器根據一組隨機雜訊向量 z 生成假樣本 x*。鑑別器的輸入資料則有 3 種：生成器來的**假資料** x*、**無標籤的真樣本** x、**有標籤的真樣本** (x,y)。鑑別器不但要分辨真假，還要判斷出樣本屬於哪一類（若樣本為真時）。要注意的是，有標籤的樣本比沒標籤的少很多；在現實中，兩者的比例會更懸殊，通常標記樣本只佔所有訓練資料集中的很小部份（通常約 1~2%）。

從圖 7.2 可看出，SGAN 為了要執行多元分類任務，不僅需要大幅修改鑑別器，整個架構、訓練過程、及訓練目標，都比傳統 GAN 更加複雜。

7.1.2　SGAN 的輸入、輸出、與目標

SGAN 的生成器要做的事跟原始 GAN 一模一樣：把一組隨機亂數變成跟訓練資料集如出一轍的假樣本。

但是在鑑別器方面，SGAN 和原始 GAN 就大相逕庭。輸入的資料從兩種增加到三種：生成器合成的**假樣本**（x*）、訓練資料集提供的**無標記樣本**（x）、與**有標記樣本**（x, y），y 為樣本 x 的標籤。SGAN 的鑑別器所要完成的任務，也從二元分類升級到多元分類：除了排除假樣本（這也可以當成一類）外，還得把真樣本正確分類。

表 7.1 總結了 SGAN 兩個子模型的重點。

表 7.1：SGAN 的生成器與鑑別器重點摘要

	生成器	鑑別器
輸入	一組**隨機向量**（z）	輸入資料有 3 種： 來自訓練資料集的**無標記真樣本**（x） 來自訓練資料集的**有標記真樣本**（x, y） 來自生成器的**假樣本**（x*）
輸出	幾可亂真的**假樣本**（x*）	**機率**，表示輸入樣本為第 N 類、或偽造的可能性。
目標	生成與訓練資料集如出一轍的假樣本，讓鑑別器誤以為真	學會如何將真樣本正確歸類，並挑出生成器偽造的假樣本

7.1.3　SGAN 的訓練過程

對於一般的 GAN，鑑別器的訓練是靠反向傳播 D(x) 與 D(x*) 的總損失，來調整可訓練參數，以求損失能降到最小；而生成器會希望從鑑別器反向傳播的 D(x*) 損失越大越好，這樣才能讓假樣本被錯判為真。

要訓練 SGAN，除了計算 D(x) 和 D(x*) 的損失外，還得針對監督式訓練的標記樣本計算另一種損失：D((x,y))。這兩種損失與鑑別器要達成的兩個目標相對應：不僅要判別真假，還要將真樣本正確分類。套用原始論文的術語來說，這兩種目標分別對應兩種損失：「非監督式損失」（unsupervised loss）和「監督式損失」（supervised loss）**註7**。

7.1.4　SGAN 的訓練目標

到目前為止，你看到的 GAN 變體都算是生成模型；它們都是為了生成幾可亂真的樣本而生，因此在 GAN 中生成器較受矚目。而鑑別器存在的主要目的，不過是幫助生成器提高生成影像的品質。所以在訓練結束後，我們通常會把鑑別器扔一邊，只留著訓練好的生成器來生成擬真資料。

不過 SGAN 的情況剛好相反，我們比較關心鑑別器。整個訓練過程，都是為了讓鑑別器可以成為**半監督式分類器**（只有一小部份訓練樣本有標籤），並且準確率能接近或勝過**全監督式分類器**（全部的訓練樣本都有標籤）。而生成器則只是為了協助此過程，充當額外的樣本來源（生成假資料），以利鑑別器從中學習訓練樣本的 pattern，進而提高分類準確率。在訓練結束後，生成器就不需要了，只需留下鑑別器來當分類器就好。

介紹完 SGAN 的發展動機，也解釋了此模型的工作原理，現在就來實作一個看看。

註7：參見：˝Improved Techniques for Training GANs,˝ by Tim Salimans et al., 2016, https://arxiv.org/abs/1606.03498。

7.2 實例：實作 SGAN

在本實例中，我們會實作一個 SGAN 模型；它只需要 100 份訓練樣本，便能學會分類 MNIST 資料集中的手寫數字。我們會在最後將該模型的分類準確率與全監督式模型做比較，以見證半監督式學習的學習成效。

7.2.1 SGAN 的架構圖

本範例的 SGAN 模型架構如圖 7.3 所示，跟本章開頭秀出的基本概念圖相比稍微複雜。畢竟，魔鬼總是藏在（實作）細節裡。

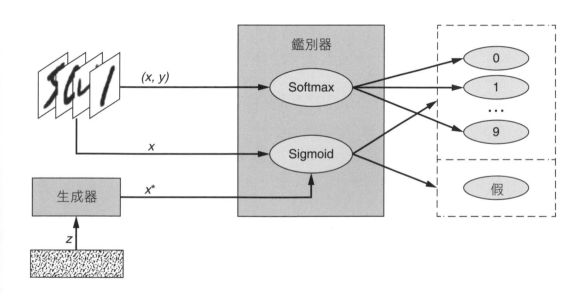

圖 7.3：本範例 SGAN 的架構圖。生成器將隨機雜訊轉換成假樣本。鑑別器的輸入有可能是帶標籤的真影像（x, y）、無標籤的真影像（x）、或生成器合成的假影像（x*）。鑑別器在進行監督式訓練時，會使用 softmax 函數輸出多元分類的結果；在進行非監督式訓練時，則使用 sigmoid 函數輸出樣本為真/假的機率（**編註：** 上圖中的 Sigmoid 有真、假二個輸出，但這只是做為示意用，實際上只會輸出一個值，代表樣本為真的機率）。

要判斷真樣本屬於哪一類，鑑別器使用 softmax 來輸出預測為 0~9 的機率分佈，然後再使用交叉熵來計算此預測機率分佈與樣本所附的 one-hot-encoded 標籤分佈之間的差異（損失）。

至於鑑別器要如何學會判斷真假呢？邏輯其實跟我們在第 3、4 章實作的 GAN 一樣：鑑別器使用 sigmoid 激活函數輸出樣本為真的機率，再根據反向傳播的二元交叉熵損失來訓練參數（**編註：** 此時真樣本所附的標籤為 1，而假樣本所附的標籤為 0）。

▎7.2.2　行前說明

本 SGAN 是沿用第 4 章的 DCGAN 模型來修改，這絕對不是想偷懶（也許有一點點啦⋯），而是為了能讓你專注在 SGAN 需要修改的地方，而不會分心於其他不重要的細節。

完整的程式碼（符合 Jupyter notebook 格式）可從本書官網 www.manning.com/books/gans-in-action 或 GitHub 儲 存 庫 https://github.com/GANs-in-Action/gans-in-action（chapter-7 子 目 錄）下 載。 完 整 版 中 亦包 含 訓 練 過 程 的 視 覺 化 輸 出， 執 行 環 境 為 Python3.6.0、Keras 2.1.6、TensorFlow 1.8.0。強烈建議使用 GPU 來加速訓練過程。

★ 小編補充 　小 編 在 colab 中 以 Python3.6.9、Keras 2.3.1， 底 層 分 別 搭 配 TensorFlow 1.15.2 及 2.2.0 二種版本測試都可正常執行，只除了最後 Fully-Supervised Classifier 區段（書中未提及此段程式）在記錄 history 資料時出現鍵值錯誤，請搜尋「 'acc'」並更改為「'accuracy'」即可修正錯誤。

此外，若使用其他版本（例如較新的 Keras 2.4.3、Tensorflow 2.3.0）執行時發生 SGAN 準確率很低，例如只有 73.7%，建議改用較穩定的 Keras 2.3.1、Tensorflow 2.2.0 來執行，小編實測的 SGAN 準確率為 89.69%。在 Colab 中降版本的方法，是在程式最前面加入以下 2 行：

```
!pip install keras==2.3.1
!pip install tensorflow==2.2.0
```

7.2.3 程式初始設置

跟之前一樣，先匯入模型運作所需的模組和函式庫，如下面程式所示。

程式 7.1　匯入套件及模組

```
%matplotlib inline

import matplotlib.pyplot as plt
import numpy as np

from keras import backend as K

from keras.datasets import mnist
from keras.layers import (Activation, BatchNormalization, Concatenate,
          Dense, Dropout, Flatten, Input, Lambda, Reshape)
from keras.layers.advanced_activations import LeakyReLU
from keras.layers.convolutional import Conv2D, Conv2DTranspose
from keras.models import Model, Sequential
from keras.optimizers import Adam
from keras.utils import to_categorical
```

接著設定輸入影像的尺寸、雜訊向量 z 的長度、及半監督式訓練要區分的類別總數，如下面程式所示。

程式 7.2　設定模型輸入維度

```
img_rows = 28
img_cols = 28
channels = 1

img_shape = (img_rows, img_cols, channels)  ◄── 設定輸入圖片的維度

z_dim = 100  ◄── 雜訊向量的長度，此向量為生成器的輸入資料

num_classes = 10  ◄── 資料集所含的類別數
```

7.2.4 準備資料集

　　儘管 MNIST 訓練資料集中的 60,000 張圖片都有標籤，但我們在訓練時只會載入其中一小部份（以 num_labeled 參數指定的數量）的標籤，其餘的圖片就當作沒標記的樣本。若要挑一批次有標記樣本，就從訓練集開頭的前 num_labeled 張圖片取樣；若要挑未標記樣本，則從剩下的（60,000 - num_labeled）圖片中取樣。

　　在程式 7.3 定義的 Dataset 類別中，除了提供以上 2 種取樣函式外，還提供能回傳 MNIST 資料集前 num_labeled 筆訓練樣本（附標籤）的函式，以及能傳回 10,000 筆測試樣本（附標籤）的函式。在訓練結束後，我們會使用測試集來評估模型是否能正確分類從未見過的樣本。

程式 7.3 可提供訓練與測試資料的 Dataset 類別

```python
class Dataset:
    def __init__(self, num_labeled):

        self.num_labeled = num_labeled    ◀── 有標記的訓練資料數量

        (self.x_train, self.y_train), (self.x_test, self.y_test ◀──
                                    ) = mnist.load_data()
                                                    載入 MNIST 資料集

        def preprocess_imgs(x):
            x = (x.astype(np.float32) - 127.5) / 127.5    ◀──
            x = np.expand_dims(x, axis=3)  ◀──              將灰階像素值從範圍
            return x                                        [0,255] 換算至 [-1,1]

        def preprocess_labels(y):                將影像維度（28×28）擴展為
            return y.reshape(-1, 1)              寬×高×通道數（28×28×1）

        self.x_train = preprocess_imgs(self.x_train)    ◀── 訓練資料
        self.y_train = preprocess_labels(self.y_train)

        self.x_test = preprocess_imgs(self.x_test)    ◀── 測試資料
        self.y_test = preprocess_labels(self.y_test)
```

接下頁

```
def batch_labeled(self, batch_size):
    idx = np.random.randint(0, self.num_labeled, batch_size) ◄─┐ 隨機取一批次有標記影像
    imgs = self.x_train[idx]
    labels = self.y_train[idx]
    return imgs, labels

def batch_unlabeled(self, batch_size):
    idx = np.random.randint(self.num_labeled, ◄── 隨機取一批次
            self.x_train.shape[0], batch_size)    無標記影像
    imgs = self.x_train[idx]
    return imgs

def training_set(self):
    x_train = self.x_train[range(self.num_labeled)]
    y_train = self.y_train[range(self.num_labeled)]
    return x_train, y_train

def test_set(self):
    return self.x_test, self.y_test
```

底下設定有標記的樣本只有 100 份，並建立 Dataset 物件：

```
num_labeled = 100 ◄── 使用的標記樣本數（其他的都當成沒標記）

dataset = Dataset(num_labeled)
```

▌7.2.5　設計生成器

　　生成器與我們在第 4 章實作過的 DCGAN 一樣：使用轉置卷積層，將輸入的隨機雜訊向量擴展為 28×28×1 的影像：

程式 7.4 SGAN 生成器

```python
def build_generator(z_dim):

    model = Sequential()

    model.add(Dense(256 * 7 * 7, input_dim=z_dim))
    model.add(Reshape((7, 7, 256)))
```
用全連接層將輸入擴展
為 **7×7×256** 張量

```python
    model.add(Conv2DTranspose(128, kernel_size=3, strides=2,
                              padding='same'))
```
加入轉置卷積層，將張量從
7×7×256 轉換成 **14×14×128**

```python
    model.add(BatchNormalization())
```
← 批次正規化

```python
    model.add(LeakyReLU(alpha=0.01))
```
← 通過激活函數 Leaky ReLU

```python
    model.add(Conv2DTranspose(64, kernel_size=3, strides=1,
                              padding='same'))
```
轉置卷積層，將張量從
14×14×128 轉換成 **14×14×64**

```python
    model.add(BatchNormalization())
```
← 批次正規化

```python
    model.add(LeakyReLU(alpha=0.01))
```
← 通過激活函數 Leaky ReLU

```python
    model.add(Conv2DTranspose(1, kernel_size=3, strides=2,
                              padding='same'))
```
轉置卷積層，將張量從
14×14×64 轉換成 **28×28×1**

```python
    model.add(Activation('tanh'))
```
← 通過激活函數 tanh 輸出結果

```python
    return model
```

▌7.2.6　設計鑑別器

鑑別器是 SGAN 模型中最複雜的部分。再提醒一次，SGAN 的鑑別器有兩個目標：

● **分辨真假**。SGAN 的鑑別器會藉由 sigmoid 函數輸出單一機率值，表示二元分類的結果（是真或假樣本）。

● **將樣本正確分類**。SGAN 的鑑別器是使用 softmax 函數輸出一組機率向量，表示屬於對應類別的機率。

鑑別器的核心部份

我們先定義鑑別器的核心部份。你也許會發現，程式 7.5 中的模型跟我們在第 4 章實作的 ConvNet 鑑別器很像；其實從開頭到 4×4×128 卷積層為止（包括後頭的批次正規化與 Leaky ReLU 激活函數）都一模一樣。

不過我們在最後那層的後面放了一個 **dropout（丟棄）層**，這是種可在訓練過程中，藉由隨機捨棄部份神經元連接來防止過度配適的正則化（regularization）技術 **註8**。下層的神經元會因為隨機捨棄一部份上層傳來的資料，而被迫減少它們與某些上層神經元之間的過度依賴性，進而發展出更健全的資料表示法。隨機丟棄的神經元比例由 rate 參數決定，本例中設為 0.5：model.add(Dropout(0.5))。為了因應更複雜的分類任務，SGAN 模型需要更好的歸納能力（畢竟標記樣本只有 100 份），所以才加入 dropout 層。

註8： 參見："Improving Neural Networks by Preventing Co-Adaptation of Feature Detectors," by Geoffrey E. Hinton et al., 2012, https://arxiv.org/abs/1207.0580。另見："Dropout: A Simple Way to Prevent Neural Networks from Overfitting," by Nitish Srivastava et al., 2014, Journal of Machine Learning Research 15, 1929 - 1958。

程式 7.5 SGAN 鑑別器的核心

```
def build_discriminator_net(img_shape):

    model = Sequential()

    model.add(Conv2D(32,          ◀── 卷積層，將張量從 28×28×1 轉成 14×14×32
            kernel_size=3,
            strides=2,
            input_shape=img_shape,
            padding='same'))

    model.add(LeakyReLU(alpha=0.01))  ◀── 通過激活函數 Leaky ReLU

    model.add(Conv2D(64,          ◀── 卷積層，將張量從 14×14×32 轉成 7×7×64
            kernel_size=3,
            strides=2,
            input_shape=img_shape,
            padding='same'))

    model.add(BatchNormalization())   ◀── 批次正規化

    model.add(LeakyReLU(alpha=0.01))  ◀── 通過激活函數 Leaky ReLU

    model.add(Conv2D(128,         ◀── 卷積層，將張量從 7×7×64 轉成 4×4×128
            kernel_size=3,
            strides=2,
            input_shape=img_shape,
            padding='same'))

    model.add(BatchNormalization())   ◀── 批次正規化

    model.add(LeakyReLU(alpha=0.01))  ◀── 通過激活函數 Leaky ReLU

    model.add(Dropout(0.5))  ◀── 丟棄層

    model.add(Flatten())  ◀── 將張量展平

    model.add(Dense(num_classes))  ◀── 含有 num_classes 個神經元的全連接層
    return model
```

dropout 層一定要放在批次正規化之後，次序不可顛倒，這樣兩者才能相輔相成，產生強大的威力[註9]。

另外，這組神經網路要用含 10 個神經元的全連接層做結束。接下來就要分別定義這 10 個神經元的兩組輸出：一個是經由監督式訓練學到的多元分類（使用 softmax，程式 7.6），另一個是藉由非監督式訓練學到的二元分類（使用 sigmoid，程式 7.7）。

設計監督式鑑別器

我們用前面寫好的鑑別器核心，再附加一個激活函數，即可組合出**監督式鑑別器**。詳見下面程式。

程式 7.6 SGAN 的監督式鑑別器

```
def build_discriminator_supervised(discriminator_net):

    model = Sequential()

    model.add(discriminator_net)

    model.add(Activation('softmax'))  ← 通過激活函數 softmax，
                                         輸出所有類別的機率分佈

    return model
```

設計非監督式鑑別器

下面程式則是在鑑別器核心上，再增加非監督式訓練的部份，以組合出**非監督式鑑別器**。predict(x) 函式會將（鑑別器神經網路核心的）10 個神經元的輸出轉成二元預測結果，代表樣本為真的機率。

註9：參見 "Understanding the Disharmony between Dropout and Batch Normalization by Variance Shift," by Xiang Li et al., 2018, https://arxiv.org/abs/1801.05134。

```
def build_discriminator_unsupervised(discriminator_net):

    model = Sequential()

    model.add(discriminator_net)

    def predict(x):
        prediction = 1.0 - (1.0 /
            (K.sum(K.exp(x), axis=-1, keepdims=True) + 1.0))
        return prediction

    model.add(Lambda(predict))

    return model
```

用 Sigmoid 公式將多元分類結果轉換成二元機率（樣本為真的機率）

多加一個 Lambda 神經層，以輸出「樣本為真」的機率

★ 編註 以上程式是用 Lambda 層搭配 Sigmoid 公式來將「多元分類機率」轉為「二元機率」，但其實也可改用只有 1 個神經元的 Dense 層搭配 Sigmoid 激活函數來轉換，據小編測試成效會更好，有興趣的讀者不妨試看看。

7.2.7　建立並編譯模型

接下來要建立並編譯鑑別器和生成器模型。請注意，categorical_crossentropy 和 binary_crossentropy 分別是做為監督式訓練與非監督式訓練的損失函數。

程式 7.8　建立並編譯模型

編註：定義「用生成器及鑑別器建立 gan 模型」的函式
```
def build_gan(generator, discriminator):

    model = Sequential()

    model.add(generator)
    model.add(discriminator)

    return model
```

將生成器與鑑別器合為一模型

接下頁

編註： 建立鑑別器的核心部份
```
discriminator_net = build_discriminator_net(img_shape)
```
　　建立鑑別器的核心：監督式與
　　非監督式訓練會共用這些層

編註： 建立並編譯監督式鑑別器
```
discriminator_supervised = build_discriminator_supervised(
                          discriminator_net)
```
　　建立監督
　　式鑑別器
```
discriminator_supervised.compile(loss='categorical_crossentropy',
                          metrics=['accuracy'],
                          optimizer=Adam())
```

編註： 建立並編譯非監督式鑑別器
```
discriminator_unsupervised = build_discriminator_unsupervised(
                          discriminator_net)
```
　　建立非監督式鑑別器
```
discriminator_unsupervised.compile(loss='binary_crossentropy',
                          optimizer=Adam())
```

編註： 接下來，先鎖定上面的非監督式鑑別器模型，然後建立
　　生成器模型，再用這 2 個模型建立 gan 模型，然後編譯　　將非監督式鑑別器
```
discriminator_unsupervised.trainable = False
```
的參數固定住，以
利生成器訓練
```
generator = build_generator(z_dim)
```
建立生成器
```
gan = build_gan(generator, discriminator_unsupervised)
```
　　將鎖住的非監督式鑑別器與生成器合成一個 GAN 模
　　型，然後編譯，此模型用來訓練生成器。**注意！** 這
　　裡用的是非監督式鑑別器，以鑑別樣本為真的機率
```
gan.compile(loss='binary_crossentropy', optimizer=Adam())
```

★ 小編補充 以上建立並編譯了 3 個模型（包括 2 個鑑別器模型及 1 個 GAN 模型，以進行不同的訓練），其中「鑑別器的核心」是 3 個模型所共用的。

▌7.2.8 開始訓練

以下是 SGAN 訓練演算法的虛擬碼。

SGAN 訓練演算法：

⋯⋯

For 每個訓練迭代 *do*

1. **訓練監督式鑑別器：**

    a. 隨機取一批真實的有標記樣本：(x, y)。

    b. 算出 $D(x,y)$ 的多元分類損失，再根據損失反向傳播更新參數 $\theta^{(D)}$，使損失最小化。

2. **訓練非監督式鑑別器：**

    a. 隨機取一批真實的無標記樣本：(x)。

    b. 算出 $D(x)$ 的二元分類損失，再根據損失反向傳播更新參數 $\theta^{(D)}$，使損失最小化。

    c. 取一批隨機雜訊向量 z，生成一批假樣本：$G(z) = x*$

    d. 計算 $D(x*)$ 的二元分類損失，再根據損失反向傳播更新參數 $\theta^{(D)}$，使損失最小化。

3. **訓練生成器：**

    a. 取一批隨機雜訊向量 z，生成一批假樣本：$G(z) = x*$

    b. 計算 $D(x*)$ 的二元分類損失，再根據損失反向傳播更新參數 $\theta^{(G)}$，使損失最大化。

End for

SGAN 訓練演算法的實作如下：

程式 7.9 SGAN 訓練演算法實作

```
supervised_losses = []
iteration_checkpoints = []
```

要訓練多少次　　批次量　　每隔多少次要記錄並顯示訊息

```
def train(iterations, batch_size, sample_interval):

    real = np.ones((batch_size, 1))    ◄── 真影像的標籤為 1

    fake = np.zeros((batch_size, 1))   ◄── 假影像的標籤為 0

    for iteration in range(iterations):
```
　編註：訓練鑑別器
```
        imgs, labels = dataset.batch_labeled(batch_size) ◄─┐
```
　　　　　　　　　　　　　　　　　　　　　　　　　　　　　　取得一批有標記樣本
```
        labels = to_cat egorical(labels, num_classes=num_classes) ◄─┐
```
　　　　　　　　　　　　　　　　　　　　　　　　　將標籤轉換為 one-hot 編碼格式
```
        imgs_unlabeled = dataset.batch_unlabeled(batch_size) ◄─┐
```
　　　　　　　　　　　　　　　　　　　　　　　　　　　取得一批無標記樣本
```
        z = np.random.normal(0, 1, (batch_size, z_dim)) ─┐
        gen_imgs = generator.predict(z)                  │
```
　　　　　　　　　　　　　　　　　　　　　　　　生成一批假影像
```
        (d_loss_supervised, accuracy) = (  ◄── 用真實的有標記樣本訓練
                discriminator_supervised.train_on_batch(imgs, labels))

        d_loss_real = discriminator_unsupervised.train_on_batch( ◄─┐
                    imgs_unlabeled, real)
```
　　　　　　　　　　　　　　　　　　　　　　用真實的無標記樣本訓練
```
        d_loss_fake = discriminator_unsupervised.train_on_batch( ◄─┐
                    gen_imgs, fake)
```
　　　　　　　　　　　　　　　　　　　　　　用假樣本訓練
```
        d_loss_unsupervised = 0.5 * np.add(d_loss_real, d_loss_fake)
```

接下頁

```
z = np.random.normal(0, 1, (batch_size, z_dim))        ┐ 生成一批
gen_imgs = generator.predict(z)                        ┘ 假影像


g_loss = gan.train_on_batch(z, np.ones((batch_size, 1)))  ◄─┐
                                                            訓練生成器


if (iteration + 1) % sample_interval == 0:             ┐

    supervised_losses.append(d_loss_supervised)        ├
    iteration_checkpoints.append(iteration + 1)        ┘
```

每隔一定迭代次數記錄監
督式鑑別器的損失值，以
便訓練結束後繪出變化圖

```
    print(  ◄── 在螢幕上顯示訓練過程
        "%d [D loss supervised: %.4f, acc.: %.2f%%] [D loss" +
        " unsupervised: %.4f] [G loss: %f]"
        % (iteration + 1, d_loss_supervised, 100 * accuracy,
        (d_loss_unsupervised, g_loss))
```

開始訓練模型

　　由於我們只有 100 份標記樣本可供訓練，批次量不能設太大。最佳的訓練次數要經由反覆試驗才能得知：不斷增加次數，直到監督式鑑別器的損失達到平穩狀態為止。不過次數也不能太多，以免發生過度配適。程式如下：

程式 7.10　開始模型訓練

```
iterations = 8000          ┐
batch_size = 32            ├── 設定超參數
sample_interval = 800      ┘

train(iterations, batch_size, sample_interval)  ◄─┐
                                                  用指定的迭代次數訓練 SGAN
```

測試準確率

終於來到這一刻，讓我們看看用 SGAN 訓練出的分類器表現如何。訓練過程顯示，監督式分類器可 100% 正確分類訓練樣本。雖然看起來很厲害，不過別忘了，監督式訓練中只用了 100 份標記樣本，模型搞不好只是將這些樣本死背起來而已。我們看重的是，分類器是否有歸納出訓練資料的特徵，並能以此為基礎，將沒見過的新資料正確分類。驗證程式如下：

程式 7.11　測試準確率

```
x, y = dataset.test_set()
y = to_categorical(y, num_classes=num_classes)

_, accuracy = discriminator_supervised.evaluate(x, y) ◄
print("Test Accuracy: %.2f%%" % (100 * accuracy))
                                            用測試集來評估分類準確率
```

結果馬上就出來了，登登登登登⋯⋯

我們的 SGAN 可以準確分類測試集中約 89% 的樣本。這樣的成果算好還是不好呢？跟全監督式分類器比一比就知道了，請繼續往下閱讀。

7.3 與全監督式分類器比較

為了盡可能公平比較，我們採用跟前面監督式鑑別器相同架構的全監督式神經網路，如下面程式所示。這樣能排除分類器本身性能不同所帶來的影響，以方便我們觀察半監督式學習為 GAN 所帶來的助益。

程式 7.12　全監督式分類器

```
mnist_classifier = build_discriminator_supervised(
                   build_discriminator_net(img_shape))
mnist_classifier.compile(loss='categorical_crossentropy',
                         metrics=['accuracy'],
                         optimizer=Adam())
```

重建一個跟前面監督式鑑別器
有相同架構的全監督式分類器

我們使用剛才訓練 SGAN 的 100 份樣本（一模一樣）來訓練這個全監督式分類器。訓練程式與整個測試過程輸出就不再贅述。總之相關程式碼都在我們 GitHub 儲存庫上的 chapter-7 子目錄中，用 Jupyter notebook 一看便知。

跟 SGAN 的鑑別器一樣，全監督式分類器可以 100% 準確地分類訓練樣本。不過用測試集去檢驗的話，會發現它只有約 70% 的準確率，跟我們的 SGAN 相比差了 20%。換句話說，同樣是用 100 份標記樣本，SGAN 能將訓練準確率提升了將近 30%！（**編註：**(89-70) / 70 = 27%）

若是增加更多的有標記樣本，全監督式分類器的歸納能力會大幅提高。用相同的設置和訓練步驟，將標記樣本提高到 10,000 份（比之前多了 100 倍），全監督式分類器已可以達到 98% 的準確率。但這已經是擁有大量標記樣本的全監督式訓練了，所以不適合拿來做比較。

7.4 結語

在本章中，我們學會了如何將 GAN 結合半監督式學習，以訓練出能將（真）樣本正確分類的鑑別器。同樣是只用少量的有標記樣本做訓練，SGAN 分類器的準確率明顯比全監督式分類器高上一截。

SGAN 為 GAN 所帶來的主要創新（關鍵特色），是同時使用標記資料來訓練鑑別器。那你可能會想問：生成器是否也能用標記資料來訓練呢？問得好，下一章我們要談到的 GAN 變體（條件式 GAN），就是用來做這個的。

重點整理

- SGAN 的鑑別器可以藉由訓練做到以下功能：

  » 分辨樣本的真假

  » 將真樣本正確分類

- SGAN 的目的是盡可能用最少的標記樣本，將鑑別器訓練成高準確率的分類器，以降低分類任務對大量標記資料的依賴性。

- 在本章的範例中，鑑別器在學習監督式的分類任務（將真樣本正確歸類）時，是用 softmax 激活函數與多元分類交叉熵損失函數；在分辨真假時，則是用 sigmoid 激活函數與二元交叉熵損失函數。

- 用測試集評估結果發現，若以相同數量的標記資料做訓練，SGAN 的分類準確率完勝全監督式分類器。

MEMO

chapter 8

條件式 GAN
（CGAN）

從上一章的 SGAN 應該可以發覺到，標記資料（有標籤的訓練資料）在訓練 GAN 時很好用。SGAN 藉由標記資料搭配半監督式訓練，可將鑑別器變成一個實用的分類器。而本章要介紹的**條件式 GAN**（Conditional GAN，CGAN）更厲害，可以用標記資料同時訓練生成器和鑑別器。有了這項創新，就能讓生成器合成出我們**指定種類**的假樣本。

8.1 CGAN 的發展動機

CGAN（條件式 GAN）能生成的樣本包山包海，從簡單的手寫數字到擬真的人像都行。然而，雖能藉由選擇訓練資料集，來決定 GAN 該仿造出的什麼樣的樣本，但 GAN 會從資料集中挑出哪種類型來生成，就無法由我們掌控了。比如說，第 4 章的 DCGAN 雖然能合成出逼真的手寫數字，但我們無法要求它生成「7」，而不是「9」。

像 MNIST 這種簡單的資料集，總共也不過才 10 類，也許還不需要煩惱這個問題。比方說，若想要一張「9」，就讓生成器一直生，直到生出「9」為止。然而，一旦資料的種類很多時，就不能光靠蠻力解決了。以人像生成為例，第 6 章的 **PGGAN** 雖能合成超擬真的影像，但生成器會生出怎樣的臉完全看運氣。我們連男性還是女性都無從干預，更何況是指定年齡或表情等特徵。

若有辦法針對特徵來生成資料，無疑是為眾多應用場合開啟了大門。舉例來說，假設要偵辦一椿殺人案件，目擊者說兇手是碧眼、紅色長髮的中年女性。此時若能用電腦模擬繪圖（根據輸入特徵合成一系列符合條件的人像）來取代畫家素描（一次只能畫一張），就可以大大加快繪製速度，也更加方便目擊者從中指認。

　　如果能**依照指定條件來量身訂做**影像，業界生態將會大大改變，例如在醫學研究中，可根據不同配方合成新藥；在電影製作或電腦成像（computer-generated imagery，CGI）方面，則可快速合成出毫無破綻的場景；其他商機還有一大堆。

　　在 GAN 進化出的變體中，第一個能指定類別來生成資料的便是 CGAN，它可以說是最具影響力的改良。本章不但會介紹 CGAN 的原理，還會撰寫一個精簡版的 CGAN 模型，然後用…MNIST 資料集（沒錯，又是這個！）來訓練。

8.2 CGAN 的原理與架構

　　CGAN 是由加拿大蒙特婁大學的博士生 Mehdi Mirza 與 Flickr AI 的設計師 Simon Osindero 於 2014 年共同發表，這種 GAN 可在訓練中利用附加的**條件資訊**來「制約」生成器與鑑別器 **註1**。條件資訊可以是任意的形式，像是類別標籤、特徵描述、甚至是說明文件都行。為了簡單說明 CGAN 的工作原理，本章會用標籤充當條件資訊。

　　CGAN 的訓練完全仰賴標記資料（附有標籤的樣本）：生成器會從中學習如何將各類別樣本模仿地維妙維肖，鑑別器則從中學會分辨真假標記資料。不過 CGAN 的鑑別器不需要真的學會「歸類」，這點跟上一章的 SGAN（鑑別器不但要把真樣本挑出來，也要將其正確歸類）不同。它只要把**與標籤不符**的樣本都當成假的扔掉，只留下**與標籤符合**的樣本就行了。

　　比方說（ **3** , 4）這種樣本就不會被 CGAN 的鑑別器接受；樣本本身（手寫的「3」）是真是假不重要，與標籤不符的就剔除。

　　所以對 CGAN 的生成器來說，要騙過鑑別器，生成樣本不僅要逼真，還要與其標籤匹配。也就是說，生成器必須依標籤的指示來生成樣本，否則不能過關！一旦生成器經充分訓練，只要將指定的標籤送入 CGAN，便能合成出想要的樣本。

▌8.2.1 CGAN 的生成器

　　假設條件標籤（ **編註：** 就是做為制約條件的標籤）為 y，生成器要根據雜訊向量 z 與標籤 y 來合成出假樣本：G(z,y)=x*|y（x*|y 表示 x* 是根據標籤 y 生成的樣本），並盡可能讓鑑別器把它誤判成與標籤匹配的「真」樣本。生成器邏輯如圖 8.1 所示。

註1：參見：「Conditional Generative Adversarial Nets,」 by Mehdi Mirza and Simon Osindero, 2014,https://arxiv.org/abs/1411.1784。

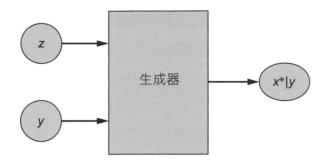

圖 8.1：CGAN 的生成器：G(z, y) = x*|y。生成器要根據輸入的隨機雜訊向量 z 與標籤 y，生成擬真又與標籤相符的假樣本 x*|y。

▌8.2.2 CGAN 的鑑別器

鑑別器會收到的除了真樣本與真標籤（x, y）外，還有「假樣本」與「生成該假樣本的標籤」（x*|y, y）。鑑別器可以從真標記樣本學習識別真樣本，以及識別真樣本與標籤的匹配；而從生成器合成的假標記樣本中，它能學會識別假標記資料（假樣本與標籤的組合），進而分辨真假。

鑑別器會輸出單一數值，代表輸入為真樣本、並且與標籤匹配的機率。更明確的說，與標籤匹配的樣本就視為真樣本，與標籤不匹配的則視為假樣本。整個運算邏輯如圖 8.2 所示。

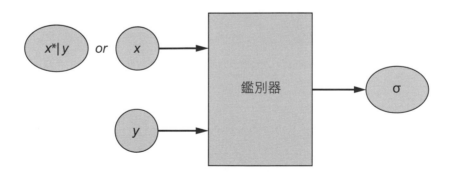

圖 8.2：CGAN 的鑑別器會收到真實的標記樣本（x, y）或根據標籤合成的假標記樣本（x*|y, y），然後通過激活函數 sigmoid（σ）輸出單一數值，表示輸入資料為真（與標籤匹配）的機率。

▌8.2.3　總結表

表 8.1 總結了 CGAN 兩組子網路的輸入、輸出與目標。

表 8.1：CGAN 的生成器與鑑別器

	生成器	鑑別器
輸入	一組亂數向量與指定標籤 (z, y)	1. 從訓練資料集來的**真標記樣本**：(x,y) 2. 生成器依照指定標籤 y 合成的**假標記樣本**：(x*|y, y)
輸出	幾可亂真、跟標籤也匹配的假樣本：G(z, y) = x*|y	單一數值，表示輸入資料為真 (與標籤匹配) 的機率
目標	生成幾可亂真、跟標籤也匹配的假樣本	分辨標記樣本是來自生成器 (假) 的，還是來自訓練資料集 (真) 的

▌8.2.4　架構圖

　　將以上的生成器與鑑別器組合起來，就如圖 8.3 所示。請注意，生成假樣本所使用的標籤 y 會先輸入生成器，然後連同生成的假樣本一起輸入鑑別器。另外要注意的是，由於鑑別器是要學習將 (x,y) 判定為真（輸出機率 1）、並將 (x*\|y,y) 判定為假（輸出機率 0），因此最終就學會了只接受「與標籤匹配」的真樣本，並拒絕其他「與標籤不匹配」的樣本。也因此生成器必須生成和真樣本很像的假樣本，並且也要和所附的條件標籤 y 匹配，才有可能騙過鑑別器。

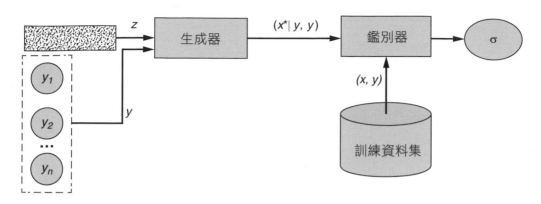

圖 8.3：生成器根據隨機雜訊向量和標籤 y
（由 n 類標籤中選一種）生成既逼真又與
標籤 y 相符的假樣本 x*|y。

★ 說明 你可能已經發現我們的慣用模式：每介紹一種 GAN，就整理出一個表，
總結鑑別器與生成器的輸入、輸出與目標，順便提供架構圖。之所以每章都這樣，
是想提供一種思考方式，未來一旦遇到新的 GAN 變體，就可用同樣的方式來解析。
從生成器、鑑別器、以及整體模型的架構進行解析，通常是最好的出發點。

由上圖可明顯看出，CGAN 的鑑別器要從真標記樣本（x, y）與生成器
的假標記樣本（x*|y, y）中，學習判斷樣本的真假。

理論講完了，現在是該學以致用、真正寫一個 CGAN 模型的時候了！

8.3 實例：實作 CGAN

本節我們要實作一個 CGAN，並訓練它來生成我們指定的手寫數字。最後還會逐一生成每個數字的樣本影像，以了解模型生成特定資料的能力。

▋8.3.1 行前說明

本範例會參考 Keras 放置在 GitHub 上的開源 GAN 模型（我們在第 3、4 章的範例也是如此）[註2]，使用 Keras 的嵌入層（Embedding layers）來將樣本與標籤合併為隱藏的表示法（稍後會介紹）。

至於其他部份就跟 Keras 放在 GitHub 上的不一樣了，我們會用更簡潔的方式來使用嵌入層，並加上詳細的註解。我們的 CGAN 還特別使用卷積神經網路，以生成更擬真的樣本（可回頭比較一下，它與第 3 章 GAN 及第 4 章 DCGAN 所生成的影像有何不同）。

完整的範例程式（符合 Jupyter notebook 格式）可從我們的 GitHub 儲存庫 https://github.com/GANs-in-Action/gans-in-action（chapter-8 子目錄）下載，notebook 中亦包含執行過程中的視覺化輸出。程式的測試環境為 Python3.6.0、Keras 2.1.6、TensorFlow 1.8.0。跑模型時強烈建議開啟 GPU 以加速訓練過程。

> ★ **小編補充** 小編在 colab 中以 Python3.6.9、Keras 2.3.1，底層分別搭配 TensorFlow 1.15.2 及 2.2.0 二種版本測試都可正常執行。但使用較新的 Keras2.4.3、Tensorflow2.3.0 測試時卻訓練失敗，生成的圖片均為亂碼，讀者在測試時若發生類似的失敗狀況，建議降版本到較穩定的 Keras2.3.1、Tensorflow2.2.0 來執行，降版本的方法是在程式最前面加入以下 2 行：
>
> ```
> !pip install keras==2.3.1
> !pip install tensorflow==2.2.0
> ```

註2：參見：Erik Linder-Norn's Keras-GAN GitHub repository, 2017, https://github.com/eriklindernoren/Keras-GAN。

▎8.3.2 初始設置

　　你應該不用猜就知道了！第一步就是匯入模型需要的模組和函式庫，如下面程式所示。

程式 8.1 匯入模組

```
%matplotlib inline

import matplotlib.pyplot as plt
import numpy as np

from keras.datasets import mnist
from keras.layers import (
                Activation, BatchNormalization, Concatenate, Dense,
                Embedding, Flatten, Input, Multiply, Reshape)
from keras.layers.advanced_activations import LeakyReLU
from keras.layers.convolutional import Conv2D, Conv2DTranspose
from keras.models import Model, Sequential
from keras.optimizers import Adam
```

　　跟之前一樣，還要設定輸入影像的尺寸、亂數向量 z 的長度、以及資料集所含的類別數，如下所示。

程式 8.2 設定模型輸入維度

```
img_rows = 28
img_cols = 28
channels = 1

img_shape = (img_rows, img_cols, channels)   ← 設定輸入圖片的維度

z_dim = 100          ← 設定雜訊向量的長度，此向量為生成器的輸入

num_classes = 10   ← 資料集中的類別數
```

8.3.3 設計生成器

生成器的基本架構，我們已經從第 4 章一路講到第 7 章，大家應該都很熟悉了。而 CGAN 的不同之處是在輸入的部份，會先用**嵌入層**與**逐元素（element-wise）乘法**，將隨機雜訊向量 z 與標籤 y（0~9 的數值）結合起來，再送入生成器。程式的步驟如下：

1 使用 Keras 的**嵌入層**，將標籤 y 轉換成長度為 z_dim（與隨機雜訊向量等長）的密集向量。

2 用 Keras 的**相乘層**（Multiply layer），將標籤的密集向量與雜訊向量 z 合併。顧名思義，相乘層會將兩組同樣維度的向量做逐元素相乘，並將結果以同樣維度的向量輸出。

3 將此向量輸入生成器以合成影像。

圖 8.4 是整個過程的示意圖（以標籤「7」為例）：

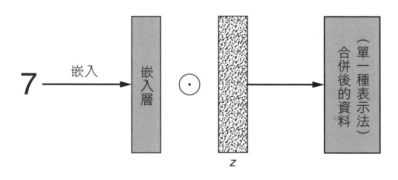

圖 8.4：此步驟將條件標籤（此樣本中為「7」）和隨機雜訊向量 z 合併為單一組資料（即合併為單一種表示法）。

簡單來說，就是先將標籤透過嵌入層轉換成與 z 等長的向量，接著將此向量逐元素與 z 相乘（⊙ 符號表示逐元素相乘），再將相乘後的結果輸入到生成器。

以上步驟用 Python/Keras 程式實作，就如下面的程式所示。

程式 8.3 CGAN 的生成器

編註： 此函式可建立基本款的生成器，以供下一個函式使用

```python
def build_generator(z_dim):

    model = Sequential()

    model.add(Dense(256*7*7, input_dim=z_dim))
    model.add(Reshape((7, 7, 256)))

    model.add(Conv2DTranspose(128, kernel_size=3, strides=2,
                              padding='same'))

    model.add(BatchNormalization())

    model.add(LeakyReLU(alpha=0.01))

    model.add(Conv2DTranspose(64, kernel_size=3, strides=1,
                              padding='same'))

    model.add(BatchNormalization())

    model.add(LeakyReLU(alpha=0.01))

    model.add(Conv2DTranspose(1, kernel_size=3, strides=2,
                              padding='same'))

    model.add(Activation('tanh'))

    return model
```

用 Dense 層將輸入擴展為 **7×7×256** 張量

轉置卷積層，將張量從 7×7×256 轉換成 **14×14×128**

◀── 批次正規化

◀── 通過激活函數 Leaky ReLU

轉置卷積層，將張量從 14×14×128 轉換成 **14×14×64**

◀── 批次正規化

◀── 通過激活函數 Leaky ReLU

轉置卷積層，將張量從 14×14×64 轉換成 **28×28×1**

◀── 通過激活函數 **tanh** 輸出結果

接下頁

編註: 此函式會先合併標籤與 z, 再將結果輸入基本款的生成器,
最後將整個過程打包為 CGAN 的生成器模型並傳回

```
def build_cgan_generator(z_dim):

    z = Input(shape=(z_dim, ))        ← 隨機雜訊向量 z 的輸入層

    label = Input(shape=(1, ), dtype='int32')    ← 條件標籤的輸入層
```

編註: 輸入資料的種類數（10）　　**編註:** 輸出資料的維度（100）

```
    label_embedding = Embedding(num_classes, z_dim,
                                input_length=1)(label)    ←
```

用嵌入層將條件標籤轉換為長度為
z_dim 的密集向量，最後輸出 shape
為（batch_size, 1, z_dim）的 3D 張量

編註: 輸入資料的長度
（1, 只有一個數值）

```
    label_embedding = Flatten()(label_embedding)    ←
```

將此 3D 張量展平為（batch_size,
z_dim）的 2D 張量

```
    joined_representation = Multiply()([z, label_embedding])    ←
```

合併後的資料
（成為單一種表示法）

將向量 z 與標籤的 2D 張量以
逐元素相乘的方式加以合併

```
    generator = build_generator(z_dim)    ←    編註: 建立基本款的生成器

    conditioned_img = generator(joined_representation)    ←
```

根據合併的標籤生成影像

```
    return Model([z, label], conditioned_img)    ←
```

編註: 建立函數式 API 模型做為傳回值

★ 小編補充 底下使用 Keras 的 utils.plot_model() 畫出生成器模型的結構圖，讀者可以將它和程式碼比對看看：（小括號中的值為輸入 / 輸出的 shape，其中的 None 代表批次量 batch_size）

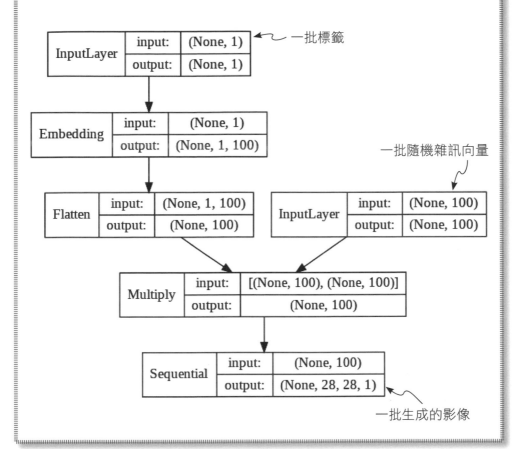

★ 小編補充 先預告一下未來訓練時的流程，以方便掌握程式脈絡：

1. 呼叫以上的 build_cgan_generator() 建立**生成器**模型。

2. 呼叫下一小節的 build_cgan_discriminator() 建立**鑑別器**模型。

3. 將生成器模型和「鎖定權重參數的鑑別器模型」組合為 **cgan** 模型，此模型是用來訓練生成器的（鑑別器的參數已鎖定，所以不會受訓練影響）。

4. 用迴圈不斷訓練**鑑別器**模型和 **cgan** 模型，使相互競爭並不斷進步。

8.3.4 設計鑑別器

接著來設計 CGAN 的鑑別器,有關鑑別器的基本結構我們應該都很熟了,比較陌生的只有處理輸入影像與標籤的部份。這裡我們是要把影像和對應的標籤併在一起,成為 3D 張量的帶標籤影像,因此這裡鑑別器要接收的是 3D 張量;這點跟生成器不同,那時我們是把 z 和標籤用逐元素相乘來合併,所以還是 2D 張量,因此生成器接收的是 2D 張量。整個過程如下:

1 使用 Keras 的嵌入層 將標籤(0 到 9)轉換成有 784 個元素的密集向量。

2 將標籤的密集向量重塑成 3D 張量(28×28×1),使其和影像維度一致。

3 把重塑後的標籤張量與對應影像串接成 shape(28×28×2)的帶標籤影像,你可想成是將標籤張量「貼」在影像上。

4 將帶標籤影像輸入鑑別器。為了讓一切正常運作,我們將模型的輸入維度調整為(28×28×2),以配合帶標籤影像的輸入。

為了讓過程看起來具體一點,我們一樣用數字「7」為例,見圖 8.5。

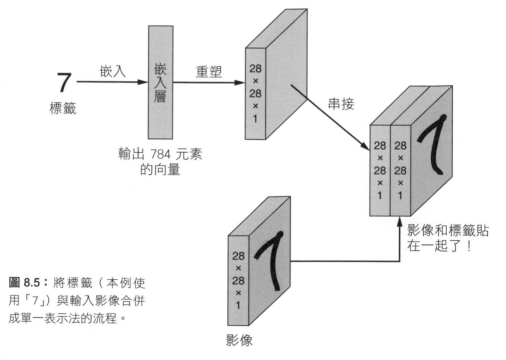

圖 8.5:將標籤(本例使用「7」)與輸入影像合併成單一表示法的流程。

簡單來說，就是先將標籤透過嵌入層轉換為 784 元素（影像展平後的長度）的向量，接著將標籤向量重塑為與輸入影像同樣維度的張量（28×28×1），再將此張量與對應的影像串接起來。最後將串接後的資料輸入到鑑別器。

除了上述的預先處理步驟，跟第 4 章的鑑別器相比，還必須再多做 2 個調整：首先要將鑑別器的輸入維度改成（28×28×2），以因應新的輸入格式；接著要將第一卷積層的深度從 32 增加到 64，這是因為將輸入資料與標籤張量串接後，導致需要編碼的資訊更多，所以才做此修改。經實驗證明，這種做法能產生較好的結果。

最後我們藉由激活函數 sigmoid（跟以前一樣）輸出結果，代表標記影像為真的機率。整個鑑別器的實作可參考下面程式。

程式 8.4 CGAN 的鑑別器

編註：此函式可建立基本款的鑑別器，以供下一個函式使用

```
def build_discriminator(img_shape):

    model = Sequential()

    model.add(
        Conv2D(64,    ◀── 卷積層，將張量從 28×28×2 轉成 14×14×64
            kernel_size=3,
            strides=2,
            input_shape=(img_shape[0], img_shape[1], img_shape[2] + 1),
            padding='same'))

    model.add(LeakyReLU(alpha=0.01))    ◀── 通過激活函數 Leaky ReLU

    model.add(
        Conv2D(64,    ◀── 卷積層，將張量從 14×14×64 轉成 7×7×64
            kernel_size=3,
            strides=2,
            input_shape=img_shape,
            padding='same'))
```

接下頁

```
        model.add(BatchNormalization())        ◀── 批次正規化

        model.add(LeakyReLU(alpha=0.01))        ◀── 通過激活函數 Leaky ReLU

        model.add(
            Conv2D(128,      ◀── 卷積層，將張量從 7×7×64 轉成 4×4×128
                kernel_size=3,
                strides=2,
                input_shape=img_shape,
                padding='same'))

        model.add(BatchNormalization())        ◀── 批次正規化

        model.add(LeakyReLU(alpha=0.01))        ◀── 通過激活函數 Leaky ReLU

        model.add(Flatten())
        model.add(Dense(1, activation='sigmoid'))        ◀── 通過激活函數
                                                             sigmoid 輸出結果

    return model
```

編註： 此函式會先合併標籤與 z，再將結果輸入基本款的鑑別器，
　　　 最後將整個過程打包為 CGAN 的鑑別器模型並傳回

```
def build_cgan_discriminator(img_shape):

    img = Input(shape=img_shape)        ◀── 影像的輸入層

    label = Input(shape=(1, ), dtype='int32')        ◀── 標籤的輸入層
```

編註： 將所有維度相乘 (28*28*1=784)

```
    label_embedding = Embedding(num_classes,np.prod(img_shape),
                            input_length=1)(label)
```
└── 嵌入層：將標籤轉換成長度為 z_dim 的密集向量；
　　　這邊會產生 (batch_size, 1, 784) 的 3D 張量

```
    label_embedding = Flatten()(label_embedding)
```
　　　將 3D 張量展平為 (batch_size，484) 的 2D 張量

```
    label_embedding = Reshape(img_shape)(label_embedding)
```
　　　重塑 2D 張量，使其維度與輸入
　　　影像符合 (batch_size, 28, 28, 1)

接下頁

```
concatenated = Concatenate(axis=-1)([img, label_embedding]) ◄─┐
```
將影像與標籤串接為
(batch_size, 28, 28, 2)

```
discriminator = build_discriminator(img_shape) ◄─┐
```
編註： 建立基本款的鑑別器

```
classification = discriminator(concatenated) ◄─  將串接的標籤影像
                                                  輸入鑑別器做分類
```

```
return Model([img, label], classification) ◄─┐
```
編註： 建立函數式 API 模型做為傳回值

★ 小編補充 底下使用 Keras 的 utils.plot_model() 畫出鑑別器模型的結構圖，以供讀者參考：（小括號中的值為輸入／輸出的 shape，其中的 None 代表批次量 batch_size）

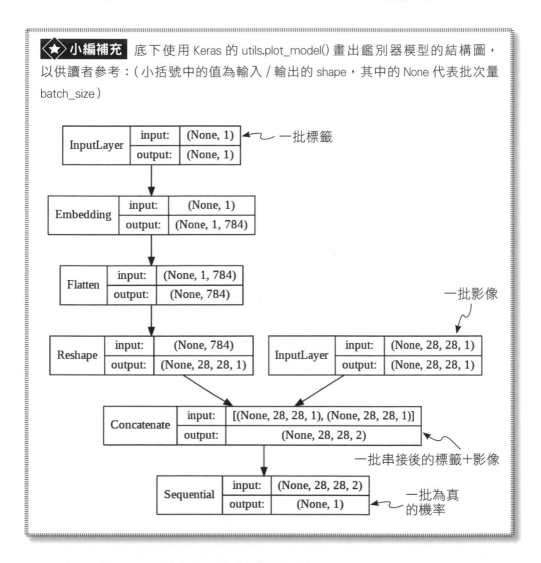

▎8.3.5 建立並編譯模型

接下來，我們要分別建立 CGAN 的鑑別器與生成器，並用這 2 個模型建立組合模型（程式中命名為 cgan），整個程式如下。請注意，cgan 組合模型是專門用來訓練生成器的（因此其中的鑑別器會將參數鎖定），在訓練時所有的標籤 y 都會先輸入它的生成器（以生成樣本），再輸入它的鑑別器（進行預測）。

程式 8.5 建立並編譯 CGAN 模型

```python
編註：定義「用生成器及鑑別器建立 gan 模型」的函式
def build_cgan(generator, discriminator):

    z = Input(shape=(z_dim, ))      ← 隨機雜訊向量z的輸入層

    label = Input(shape=(1, ))      ← 條件標籤的輸入層

    img = generator([z, label])     ← 將雜訊 z 和標籤 y 送入
                                       生成器以生成假影像

    classification = discriminator([img, label])  ← 將假影像及標籤
                                                     輸入到鑑別器

    model = Model([z, label], classification) ←┐

    return model    ← 傳回 cgan 組合模型       將生成器與鑑別器結合：
                                               G([z, label]) = x* ，
                                               D([x*, label]) = classification

編註：建立並編譯鑑別器
discriminator = build_cgan_discriminator(img_shape)  ← 建立鑑別器
discriminator.compile(loss='binary_crossentropy',
                      optimizer=Adam(),
                      metrics=['accuracy'])
```

接下頁

編註： 鎖定上面的鑑別器模型，然後建立生成器模型，
　　　　再用這 2 個模型建立 gan 模型，然後編譯

```
discriminator.trainable = False  ←  將鑑別器的參數鎖住以利生成器的訓練

generator = build_cgan_generator(z_dim)  ←  建立生成器

cgan = build_cgan(generator, discriminator)  ←  將生成器與鎖住的鑑別
                                                器組合為一模型，此模
                                                型可用來訓練生成器

cgan.compile(loss='binary_crossentropy', optimizer=Adam())  ←
                                                編譯 cgan 組合模型
```

★ 小編補充 底下使用 Keras 的 utils.plot_model() 畫出 **cgan** 模型的結構圖，以供讀者參考：

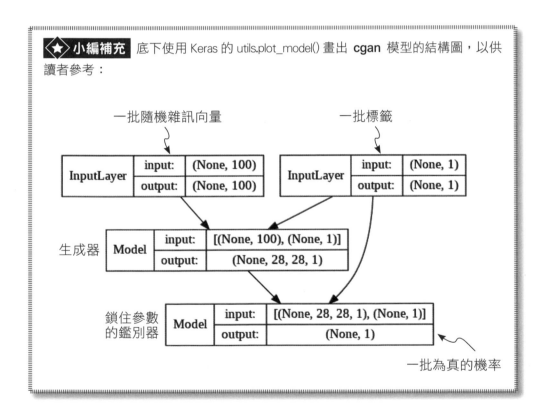

▌8.3.6 設計訓練迴圈

接著設計迴圈來進行 CGAN 的訓練，其演算法如下。

CGAN 的訓練演算法：

··

For 每個訓練迭代 do

    1.　**訓練鑑別器：**

        a.　隨機取一批次的真標記樣本（x, y）。

        b.　計算這批次 D(x,y) 的分類損失，再根據損失反向傳播調整參數 $\theta^{(D)}$ 以使分類損失最小化。

        c.　用一批次的隨機雜訊向量與標籤（z, y），生成一批次的假樣本：G(z, y) = x*|y。

        d.　計算這批次 D(x*|y, y) 的分類損失，再根據損失反向傳播調整參數 $\theta^{(D)}$ 以使分類損失最小化。

    2.　**訓練生成器：**

        a.　用一批次的隨機雜訊向量與標籤（z, y），生成一批次的假樣本：G(z, y) = x*|y。

        b.　計算這批次 D(x*|y, y) 的分類損失，再根據損失反向傳播調整參數 $\theta^{(G)}$，以使分類損失最大化。

End for

整個 CGAN 訓練演算法的實作可參考下面程式。

程式 8.6 CGAN 的訓練循環

```python
accuracies = []
losses = []
```

訓練次數　　批次量　　每訓練多少次就顯示並記錄相關資訊

```python
def train(iterations, batch_size, sample_interval):

    (X_train, y_train), (_, _) = mnist.load_data()    ← 載入 MNIST
                                                        資料集

    X_train = X_train / 127.5 - 1.    ← 將灰階像素值從範圍
                                        [0,255] 換算至[-1,1]

    X_train = np.expand_dims(X_train, axis=3)

    real = np.ones((batch_size, 1))     ← 真影像的標籤為 1

    fake = np.zeros((batch_size, 1))    ← 假影像的標籤為 0

    for iteration in range(iterations):

        idx = np.random.randint(0, X_train.shape[0], batch_size)
        imgs, labels = X_train[idx], y_train[idx]
                                    隨機挑選一批次的真標記影像

        z = np.random.normal(0, 1, (batch_size, z_dim))
        gen_imgs = generator.predict([z, labels])
                                    生成一批次的假影像

        d_loss_real = discriminator.train_on_batch([imgs, labels], real)
        d_loss_fake = discriminator.train_on_batch([gen_imgs, labels], fake)
        d_loss = 0.5 * np.add(d_loss_real, d_loss_fake) ←
                                    訓練鑑別器
                        編註：計算平均損失值

        z = np.random.normal(0, 1, (batch_size, z_dim)) ←
                                    生成一批次的亂數向量
```

接下頁

```
        labels = np.random.randint(0, num_classes, batch_size
                          ).reshape(-1, 1) ◀┐
                                            └ 隨機生成一批次的標籤

        g_loss = cgan.train_on_batch([z, labels], real) ◀┐
                                                          └ 訓練 cgan 組合模型中的生成器

        if (iteration + 1) % sample_interval == 0: ◀┐
                                                     └ 每隔一定迭代次數就
                                                       顯示並記錄訓練資訊
                                                        顯示訓練過程
            print("%d [D loss: %f, acc.: %.2f%%] [G loss: %f]" % ◀┘
                  (iteration + 1, d_loss[0], 100 * d_loss[1], g_loss))

            losses.append((d_loss[0], g_loss)) ┐ 記錄損失值和準確
            accuracies.append(100 * d_loss[1]) ┘ 率，以便訓練結束
                                                後繪出變化圖

            sample_images() ◀─ 顯示生成的假影像（此函式的內容後述）
```

▌8.3.7 顯示樣本影像

接下來的函式已經在第 3 章與第 4 章出現過了，我們曾用它來檢視生成器合成的影像，看品質是否有隨著訓練次數增加而提高。程式 8.7 中的函式雖然看起來很類似，但還是有明顯差異。

第一，之前是生成 4×4 個隨機手寫數字，現在是生成 2×5 個，第一橫行是數字 0 到 4，第 2 橫行是數字 5 到 9。這樣可方便我們檢查 CGAN 的生成器是否能順利生成特定數字。

第二，我們用 set_title() 來顯示每個樣本的標籤。

程式 8.7 顯示生成的影像

```python
def sample_images(image_grid_rows=2, image_grid_columns=5):

    z = np.random.normal(0, 1, (image_grid_rows *
                                image_grid_columns, z_dim))    ◀── 取一組隨機雜訊

    labels = np.arange(0, 10).reshape(-1, 1)    ◀── 取由 0 到 9
                                                     的 10 個標籤

    gen_imgs = generator.predict([z, labels])    ◀── 用這組隨機雜訊
                                                      加標籤來生成圖片

    gen_imgs = 0.5 * gen_imgs + 0.5    ◀── 將像素值範圍換算至 [0,1]

    fig, axs = plt.subplots(image_grid_rows,    ◀── 設定圖片輸出的子圖表
                            image_grid_columns,
                            figsize=(10, 4),
                            sharey=True,
                            sharex=True)
    cnt = 0
    for i in range(image_grid_rows):
        for j in range(image_grid_columns):
            axs[i, j].imshow(gen_imgs[cnt,:,:,0], cmap='gray')    ◀──
            axs[i, j].axis('off')
            axs[i, j].set_title("Digit: %d" % labels[cnt])
            cnt += 1
                                                      將圖片輸出至子圖表
```

　　此函式顯示的樣本如圖 8.6 所示，可看出 CGAN 生成的數字隨著訓練過程而逐漸改善。

剛開始
訓練時

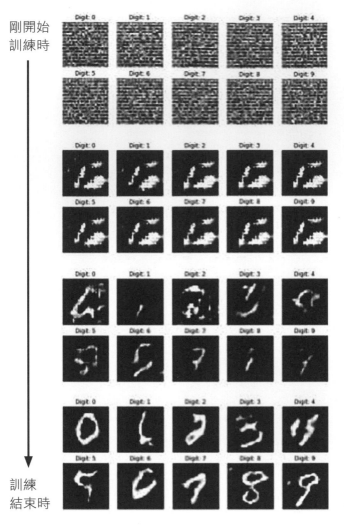

訓練
結束時

圖 8.6：CGAN 從一開始的隨機雜訊，進化到能根據標籤生成與訓練資料集相似的數字。

▌8.3.8 實際開始訓練模型

最後，我們撰寫底下的程式來開始訓練模型吧：

```
iterations = 12000
batch_size = 32          ── 設定超參數
sample_interval = 1000

train(iterations, batch_size, sample_interval) ◀

                                    用指定的迭代次數訓練 GAN
```

▌8.3.9 檢視輸出結果：是否生成指定種類的資料

　　圖 8.7 顯示的數字影像，是來自充份訓練過的 CGAN 生成器。我們讓生成器從 0 到 9 各生成 5 次，然後將影像依數字順序一行一行顯示。請注意看，每個數字的筆跡都不太一樣，這證明了 CGAN 不僅從訓練資料集中學會生成跟指定標籤匹配的樣本，還完整捕捉到了其中的多樣性。

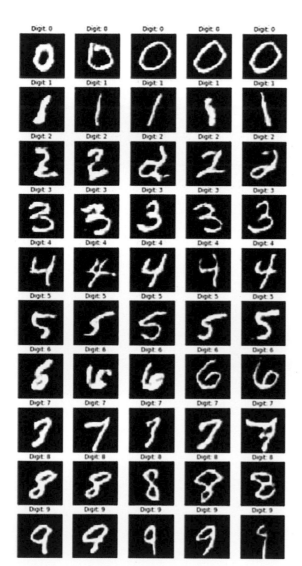

圖 8.7：依照指定數字（0 到 9）生成的影像樣本。如你所見，CGAN 生成器已經學會生成資料集的所有類別。

8.4 結語

本章介紹了如何運用標記資料來訓練生成器與鑑別器，使 GAN 能合成出我們指定類別的擬真樣本。CGAN 與 DCGAN 都是 GAN 早期最具影響力的變體，它為 GAN 的研究開啟了無數的新方向。

其中最有影響力也最被看好的，應該是使用 CGAN 來做**圖像轉譯**的解決方案。所謂圖像轉譯，就是將影像從一種形式轉換成另一種形式，例如從彩色變成黑白、將場景從白天轉換成夜晚、從衛星圖切換到傳統地圖等等。

pix2pix 是 CGAN 模型早期最成功的發展之一，它可從成對的影像（一個當輸入樣本、另一個當標籤）來學會如何將影像從一個樣貌轉換到另一個樣貌。由於 CGAN 可使用較複雜的資料做為標籤（**編註：**例如圖片，而非簡單的數值或分類標籤），因此可以應用到非常複雜的案例或場景中。例如要幫黑白照片上色時，就可使用現有照片的黑白版本（當輸入樣本）與彩色版本（當標籤）來訓練 CGAN。此技巧在下一章中會介紹到。

我們之所以沒有特別介紹 pix2pix，是因為它推出一年後就被另一個 GAN 變體完全取代，此變體連配對影像都不需要就能做圖像轉譯，而且效果還比 pix2pix 更好。**CycleGAN**（Cycle-Consistent Adversarial Network）只需要用兩組影像（代表不同的域，例如一組黑白與一組彩色照片，但不用一一配對），就能做圖像轉譯。我們會在下一章介紹這個威力強大的 GAN 變體。

重點整理

- CGAN（條件式 GAN）是一種 GAN 變體，其生成器與鑑別器在訓練時會被條件資訊（例如類別標籤）所制約。

- 生成器會依照條件資訊來合成特定類型的資料，而鑑別器只會接受與條件資訊匹配的真樣本。

- 本章實作了一個簡單的 CGAN，它可根據我們指定的條件資訊（MNIST 的分類標籤），生成逼真的手寫數字。

- 嵌入層能將整數映射到指定大小的密集向量中。我們可以使用嵌入層將兩種資訊合併為單一表示法，例如隨機雜訊向量和標籤（用來訓練生成器），或是輸入影像和標籤（用來訓練鑑別器）。

MEMO

_____

_____

_____

_____

_____

_____

_____

_____

_____

chapter

CycleGAN

- 從條件式 GAN 的概念延伸：不用條件標籤，而改用影像來控制
  如何生成影像

- 深入探討 CycleGAN 這個既強大又複雜的 GAN 架構

- 用物件導向方式來設計 CycleGAN 類別

- 實作 CycleGAN：把蘋果轉換為柳丁的樣貌 (顏色、質感等)

壓軸的突破技術終於登場！長久以來人們總是在蘋果和柳丁之間爭執不下，本章就讓大家自己選，想要什麼就變什麼出來！但這做起來並不容易，至少需要兩組鑑別器與兩組生成器才能辦到。整個架構會因此複雜許多，我們得花更多時間來解釋，但如果想用物件導向程式（object-oriented programming，OOP）架構來實現模型的話，這將是非常好的起點。

9.1 圖像轉譯

在上一章的最後，我們提到了**圖像轉譯**，這是 GAN 其中一個神奇的應用。不管是影片轉譯、靜態影像轉譯、甚至是風格轉換，都難不倒 GAN。它開創了許多新的可能，因此成為許多尖端科技的領頭羊。由於 GAN 本身的視覺特性（**編註：** 大多數都應用在視覺方面），表現較好的變體很容易先從 YouTube 和 Twitter 嶄露頭角；若你還沒看過相關的影片，可以用關鍵字 pix2pix、CycleGAN 或 vid2vid 來搜尋看看。

所謂的圖像轉譯，顧名思義，就是用某個轉譯器（生成器）把一種影像轉成另一種影像。換句話說，就是把影像從一個域（domain，**編註：** 可想成是特定的風格或形式）映射到另外一個域。我們以前是用雜訊 z 來當生成種子的潛在向量，而現在我們進化到用影像為種子來生成新影像。

我們也可以把圖像轉譯看成是 CGAN（條件式 GAN）的一種特例，這樣應該會比較容易理解。不同的是，圖像轉譯是將一張完整的影像（而非只是一個類別標示）當作「條件標籤」輸進神經網路（見第 8 章）。早期最有名的作品是柏克萊加州大學所發表的影像轉譯，見圖 9.1。

輸入　　　　輸出　　　　　　　輸入　　　輸出　　　輸入　　　輸出

空拍圖轉成地圖　　　　　　　白天轉成夜晚　　　輪廓圖轉成實品圖

輸入　　　　　輸出　　　　　輸入　　　輸出　　　輸入　　　輸出

圖 9.1：CycleGAN 為影像轉譯提供了強大的框架，可讓影像在不同域 (domain) 中轉換。
（來源："Image-to-Image Translation with Conditional Adversarial Networks," by Phillip Isola, https://github.com/phillipi/pix2pix。）

如你所見，我們能將影像做不同形式的映射：

● 將做為**語義標籤**（semantic labels）的街道（例如單純用藍色與紫色分別標示車子與道路的草圖）轉換成寫實影像

● 將衛星影像轉換成地圖影像，就像在 Google Maps 看到的那樣

● 將場景從白天轉換成夜晚

● 將黑白影像變成彩色影像

● 用輪廓圖合成出實品圖

這個萬用的點子威力十足，不過問題在於如何準備成對的資料。我們在第 8 章中提過，CGAN 要用附標籤的資料才能訓練，現在則是改用**成對的圖片**，將其中一張做為標籤，來學習如何把圖片影像映射到另一張圖片的域（形式或風格）。此外，這兩張圖片的內容必須互相對應，否則就無法映射了（ 編註： 也就是兩張圖的圖形結構要相同，但呈現的風格不同）。

因此，要讓模型學會將白日街景轉換成夜晚，就得找幾組相同場景的白天及夜晚照片給模型學習；若想教模型將平面的素描變成立體的彩色實品，就得在訓練集內多放幾組素描與對應的實品圖片。也就是說，每個（原始域）影像都要附上對應的（目標域）標籤影像，GAN 才能從中學習如何轉譯。

再以黑白影像上色為例，訓練集通常要這麼準備：用濾鏡將彩色影像轉為黑白影像，轉換前後的影像就能成為一對（各有不同的域）。這樣才能確保兩個域的影像能百分之百對應，以便讓 GAN 能歸納出轉譯邏輯，然後我們就能用訓練好的 GAN 來將任何黑白圖片上色了。

然而，要是沒辦法用簡單的方法生成這些「完美」配對的圖片，是否就沒辦法訓練轉譯模型了呢？請見下節分曉。

9.2 來回一致損失（Cycle-consistency loss）：先轉過去再轉回來

　　柏克萊加州大學對此提出了卓越見解：根本沒必要準備多完美的配對樣本 [註1]。只要先從一個域轉換到另一個域，然後再轉回來，來回比對不就得了？例如將某公園的夏日景象（A 域）轉換成冬日景象（B 域），然後再轉回夏日（A 域），這樣就能建立一個基本的循環（cycle）。在理想的情況下，原始圖片（a）會跟轉回來的圖片（â）一模一樣；若兩者不一樣，則可透過比較兩者像素的差異來估計 CycleGAN 的第一種損失：**來回一致損失**（Cycle-consistency loss），如圖 9.2 所示。

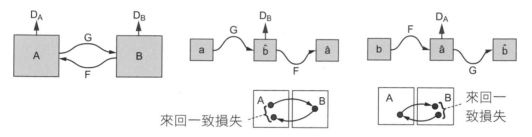

圖 9.2：轉譯不限方向，因此不管是要把夏日景象轉譯成冬日，還是反過來，其損失都有辦法計算。假設 G 與 F 各為 A 到 B 與 B 到 A 的生成器，則 â = F(G(a)) ≈ a。（來源：Jun-Yan Zhu et al., 2017, https://arxiv.org/pdf/1703.10593.pdf。）

　　這跟反向翻譯有點像：先把中文翻成英文，再翻回中文，最後得出的句子應該要跟剛開始的一樣。若結果不一樣，那只要比較原來的中文與翻譯回來的中文之間的差異，便能估計出**來回一致損失**。

　　既然要算來回一致損失，我們必須準備兩個生成器：一個（稱為 G_{AB}，或直接稱為 G）將 A 轉譯成 B，另一個（稱作 G_{BA}，或直接稱為 F）則將 B 轉譯為 A。技術上來說，它們是兩種不同的損失（正向來回一致損失與反向來回一致損失）：一個是 â = F(G(a)) ≈ a，另一個是 b̂ = G(F(b)) ≈ b；雖然你也許會覺得根本沒差，不過在數學上是不一樣的。

註1：參見："Unpaired Image-to-Image Translation Using Cycle-Consistent Adversarial Networks," by Jun-Yan Zhu et al., 2017, https://arxiv.org/pdf/1703.10593.pdf。

9.3 對抗損失（Adversarial loss）

除了來回一致損失以外，我們還要計算**對抗損失**（Adversarial loss）。生成器 G_{AB} 與 G_{BA} 各有一個對應的鑑別器：D_B 與 D_A，它們是用來驗證輸入影像是否與屬於該域：當從 B 域轉譯成 A 域時，就用 D_A 確認是否與 A 域相似，反過來的話就用 D_B。

此損失其實跟一般的 GAN 相同，但因有兩個鑑別器，所以會有兩個對抗損失。每次轉譯後都得用鑑別器確保影像符合目標域的特徵：例如把蘋果換成柳丁後，要看看是不是真的變成柳丁；再從柳丁換回蘋果也一樣，要確認是不是真的像蘋果。對抗損失就是為了確保轉譯出的影像沒問題，這是 CycleGAN 能否順利運作的關鍵。正向組的鑑別器尤其重要，因為 GAN 首先得靠它才能學會該生出什麼東西，沒有它的話，可能只會轉譯出一堆雜訊（雖然這些雜訊理論上仍可經由訓練而轉回原始域的影像[註2]）。

註2：實際操作起來比想像中複雜，而且會受其他因素影響，例如是否將正向或反向的來回一致損失同時考慮進去。

9.4 特質損失（Identity loss）

引進**特質損失**（Identity loss）的理由很簡單：用來強迫 CycleGAN 保留圖片的整體色彩結構（color structure）。為此我們加入了這個常規化（regularization）技巧，以使生成圖片的色調與原始圖片保持一致。你也可以把它想成是一種在套用多種濾鏡後，仍然能將影像復原的方法。

計算特質損失的原理，就是將已有的 A 域影像輸進 G_{BA}（將 B 域轉譯成 A 域的生成器），但此影像本來就屬於 A 域，CycleGAN 夠聰明的話就不會對本來就屬於 A 域的影像做太大更動。換句話說，這個損失會針對不必要的修改做出懲罰：若要把斑馬變成斑馬，那得到的應該是一模一樣的斑馬才對（不用做任何更改）[註3]，若不一樣就給予懲罰。特質損失的效果如圖 9.3。

輸入	不使用特質損失	使用特質損失

圖 9.3:要說明特質損失的效果，千言萬語都不如一張圖管用：若不考慮特質損失，整個色澤很明顯變調；這種變調似乎無理可循，所以使用一些懲罰來牽制。

註3：Jun Yan Zhu et al., 2017, https://arxiv.org/pdf/1703.10593.pdf。這邊可看到更多樣本：http://mng.bz/loE8。

雖然 CycleGAN 沒有嚴格要求一定要考慮特質損失，不過為了讓內容更完整，我們也把它納入。由於這種技巧確實能讓生成的效果更好，所以我們的實作範例與 CycleGAN 作者的最新實作中都有採用。用 regularization 做懲罰（penalty）是機器學習的常用手法，即使是 CycleGAN 的原始論文也都只是直接使用，並未多加著墨，所以我們也就不做更多的介紹了。

表 9.1 總結了本章介紹的這些損失。

表 9.1：CycleGAN 的各種損失

	計算方式	測量	是為了確保
對抗損失	$L_{GAN}(G,D_B,B,A)$ $= \max E_{b \sim p(b)}[\log D_B(b)]$ $+ E_{a \sim p(a)}[\log(1-D_B(G_{AB}(a)))]$ （其實跟第 5 章提到的 NS-GAN 一樣。）	跟之前一樣，損失函數分成兩項：第一項是鑑別器將真影像正確判為真的可能性，第二項則是鑑別器被生成器騙過的可能性。注意本公式是 D_B 的損失，把 A、B 互換後就變成 D_A 的損失；總損失就是把這兩個加起來。	轉譯到該域的影像符合此域該有的特徵，跟該域真正的影像幾無二致。
來回一致損失（正向）	a 與 â 的差異，以 $\min \|â-a\|_1$ 表示。 $\|\cdots\|_1$ 符號代表兩點間的 L1 距離（L1 norm），可概略將之視為原影像與還原影像同位置像素間的（絕對）差值。	原域的影像 a 與二次轉譯回原域的影像 â 之間的差異。	原影像和二次轉譯後的影像並無二致。若是做不到，表示映射過程 A-B-A 中，影像無法保持前後一致。
來回一致損失（反向）	$\min \|b̂-b\|_1$	原域的影像 b 與二次轉譯回原域的影像 b̂ 之間的差異。	原影像和二次轉譯後的影像並無二致。若是做不到，表示映射過程 B-A-B 中，影像無法保持前後一致。
總體損失	$L= \max L_{GAN}(G,D_B,A,B)$ $+ \max L_{GAN}(F,D_A,B,A)$ $+ \min \lambda \underset{\|â-a\|_1 + \|b̂-b\|_1}{\underline{L_{cyc}(G,F)}}$	4 種損失的總和：**對抗損失**（生成器有兩組，所以會有兩項）、**來回一致損失**（正向與反向的總和）。	所有轉譯出的影像都符合該域特徵（與提供的圖片樣本相符）。
特質損失（為了與 CycleGAN 的論文一致，我們並未將此損失包含在總體損失內）	$L_{identity}$ $= \min E_{a \sim p(a)}[\|G_{BA}(a) - a\|]$ $+ E_{b \sim p(b)}[\|G_{AB}(b) - b\|]$	a 與 $G_{BA}(a)$ 的差異，加上 b 與 $G_{AB}(b)$ 的差異。	讓 CycleGAN 只在必要時才對影像做出修改。

9.5 CycleGAN 的架構

整個 CycleGAN 架構其實跟 CGAN 很像，說穿了就是把兩組 CGAN 併在一起（CycleGAN 作者是把這形容成 autoencoder）。我們曾在第 2 章介紹過 autoencoder：將影像 x 輸入後，濃縮到潛在空間 z 再重建出影像 x*，如圖 9.4（**編註：** 下圖中已將第 2 章的 x 改名為 a）。

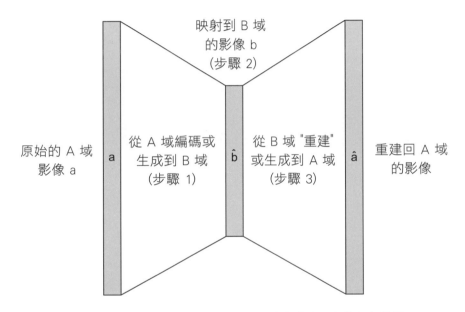

圖 9.4： 我們在第 2 章將 autoencoder 比喻為濃縮：先將心中所想（步驟 1）用有限文字轉為濃縮形式，例如將本書的內容濃縮成 "GAN" 三個字母（步驟 2），再用讀過這本書的其他人的大腦重建出關於本書的內容（可能不太完整）（步驟 3）。

將同樣的概念套用到 CycleGAN 的話，a 是一開始就在 A 域的影像、b̂ 是轉譯成 B 域的影像、â 則是還原回 A 域的影像。不過潛在空間（步驟 2）的維度跟輸入、輸出的影像都相同，它是 CycleGAN 必須摸索出、且有特定意義的目標域（B）。而以前的 autoencoder，其潛在空間則是一個無特定意義或不易理解的域。

這個 autoencoder 跟第 2 章介紹的相比，主要是多了**對抗損失**的概念。GAN 與 autoencoder 的各種合體是目前非常熱門的主題，值得再做更深入的研究。不過現在可先將 F(G(a)) 與 G(F(b)) 這兩種映射都看成是 autoencoder，以便沿用 autoencoder 的基本概念來理解其運作原理，但損失函數要改用來回一致損失取代，然後還要加上鑑別器，並且兩次轉譯（A → B 及 B → A）的結果，都要用各自的鑑別器確認是否和對應域的圖片很像。

▋9.5.1 整體架構：CycleGAN 的 4 個神經網路

在著手實作 CycleGAN 之前，請先看看圖 9.5，以了解實作的整個流程。每個訓練循環都分成兩段：前段是 A-B-A（從 A 域影像開始），後段是 B-A-B（從 B 域影像開始）。

前段的影像分別依照以下步驟傳遞：

1 輸入至鑑別器，判斷是否為 A 域影像。

2 (a) 輸入生成器 G_{AB}，轉譯為 B 域。

(b) 用 B 域影像專用的鑑別器 D_B 判斷是否為該域的影像。

(c) 將影像轉譯回 A 域，測量來回一致損失。

後段跟前段的步驟一模一樣，只是域的順序相反（B-A-B）。我們這邊會採用 apple2orange 資料集，若你想改用 horse2zebra 等其他著名的資料集，可用我們提供的 bash 腳本來下載（**編註：** 詳見本章範例 notebook 檔最前面第 2 單元格中以 %%bash 開始的程式，不過此程式有 bug，請見 9-7 節最前面的小編補充），只要在程式碼中稍作修改就能直接套用。

為了更具體描述，我們整理了圖 9.5 的 4 個主要神經網路，列於表 9.2。

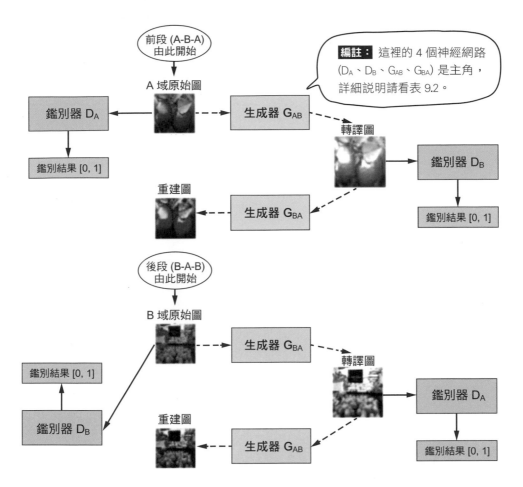

圖 9.5： CycleGAN 的基本架構。從輸入影像開始，(1) 先用鑑別器評估，(2a) 接著轉譯到目標域，(2b) 再用目標域的鑑別器評估，(2c) 最後再轉譯回來。
（來源：＂Understanding and Implementing CycleGAN in TensorFlow,＂ by Hardik Bansal and Archit Rathore, 2017, https://hardikbansal.github.io/CycleGANBlog/。）

表 9.2： CycleGAN 的 4 個神經網路

	輸入	輸出	目標
生成器 G_AB： 從 A 域轉譯為 B 域	輸入影像可以用 A 域原圖，或是從 B 域轉譯為 A 域的合成圖	轉譯到 B 域	生成符合 B 域特徵的影像
生成器 G_BA： 從 B 域轉譯為 A 域	輸入影像可以用 B 域原圖，或是從 A 域轉譯為 B 域的合成圖	轉譯到 A 域	生成符合 A 域特徵的影像
鑑別器 D_A	A 域的圖片 （原圖或轉譯）	圖片為 A 域原始圖的機率	不被轉譯為 A 域的圖矇騙
鑑別器 D_B	B 域的圖片 （原圖或轉譯）	圖片為 B 域原始圖的機率	不被轉譯為 B 域的圖矇騙

▌9.5.2 生成器的架構

　　整個生成器的架構可參考圖 9.6。為了方便讀者參考，我們在各神經層上標注了對應的程式變數與維度。此範例採 U-Net 架構（若將各神經層依照解析度排列，整個神經網路看起來會像 U，因此得名）。

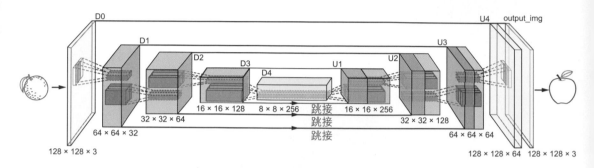

圖 9.6：生成器的架構。此生成器可分成**降採樣**（contraction path，即 D0 到 D3）與**升採樣**（expanding path，即 U1 到 U4）兩部份。可將降採樣與升採樣分別看成編碼器與解碼器。

　　這裡要注意幾件事：

1 在編碼器中是使用標準的卷積層。

2 藉由一層層**跳接**（skip connection），資訊就能以「保存較多特徵」的方式在神經網路中傳遞。D0 至 D3、U1 至 U4 在圖中分別以不同的形狀表示，讀者應可從中發現，解碼器中有半數的區塊是從跳接而來（這些區塊會與非跳接區塊合併後再往下傳遞！**註4**）。

3 解碼器則使用數個反卷積層和一個最終卷積層，將影像逐步擴張成原始影像的大小。

註4：這裡是把前面（編碼器中）區塊的張量整個串聯到後面（解碼器中）對應區塊的張量（看形狀即可知道前後區塊如何對應）。

用 autoencoder 來形容這個生成器的架構非常貼切，因為它本身就是編碼器 - 解碼器架構：

● **編碼器**（圖 9.4 的步驟 1）：將特徵圖解析度逐步降低的卷積層，即**降採樣**的部份（D0 到 D3）。

● **解碼器**（圖 9.4 的步驟 3）：將影像逐步放大到 128×128 的反卷積層（轉置卷積），即**升採樣**的部份（U1 到 U4）。

整個 CycleGAN 架構跟 autoencoder 模型相似的地方有兩處：第一，整個 CycleGAN 架構可以看成是兩組 autoencoder 的結合 **註5**，第二，U-Net 本身也可分為編碼器和解碼器兩部分。

CycleGAN 的降採樣及升採樣，是要先將影像濃縮出最具代表性的特徵，然後在還原時額外將一些原始細節（ **編註：** 利用跳接）添加回去。這跟 autoencoder 的運作原理差不多，但在還原時還可以多記住一些原來的細節。從各種領域的實作經驗看來，U-Net 架構很適合用來做圖像解析，讓我們在降採樣時可專注在對大面積區域的分類與理解；而較瑣碎的細節，則可藉由跳接直接傳遞給解碼器做升採樣處理。

◆ 小編補充 降採樣 contraction 亦稱為 down sampling，升採樣 expanding 亦稱為 up sampling，Keras 是採用後者做為類別名稱（UpSampling2D），稍後撰寫程式時即會看到。

為了便於理解，我們會在範例中使用 U-Net 架構加上跳接來實現 CycleGAN（如圖 9.6）。至於很多 CycleGAN 都採用的 ResNet 架構，其實沒差很多，你只要稍微多花點力氣應該也能自己做出來。

◆ 說明 ResNet 的主要優點在於參數較少，並採用一種名為「轉換器」（transformer）的過渡處理，可用殘差連接（residual connections）取代編碼器與解碼器間的跳接。

註5：參見：Jun-Yan Zhu et al., 2017, https://arxiv.org/pdf/1703.10593.pdf。

不過根據我們的測試（至少 apple2orange 是如此），就算套用 ResNet 架構，執行結果依然相同。所以我們直接在卷積層與反卷積層間使用跳接（如圖 9.6），就不多花時間另外寫轉換器了。

■ 9.5.3　鑑別器的架構

CycleGAN 的鑑別器是基於 PatchGAN 架構，稍後我們會從程式碼來了解整個技術細節。不過有一點比較特別，就是鑑別器的輸出並非單一數值，而是每個顏色通道各一。你可把它想成是幾個單色的小型鑑別器，而我們只要把所有的輸出值加起來平均，就是整體的輸出結果。

這樣一來，CycleGAN 就可以完全地卷積化（**編註：** 就是各顏色通道分開做卷積），因此能輕鬆擴展到更高的解析度。CycleGAN 作者只做了少量提升解析度的相關修改，就成功用 CycleGAN 模型將電腦遊戲畫面轉譯成真實景色（或者反過來也行）。除此之外，這裡的鑑別器應該比你之前看到的都還單純，只不過現在有兩個而已。

9.6 GAN 的物件導向設計

不管是 TensorFlow 的物件，還是物件導向程式設計（object-oriented programming，OOP），在之前的範例程式中都已使用過，不過也都只用到最基本的功能，因為之前的模型架構都很簡單。由於 CycleGAN 的架構較為複雜，所以這次特別為它設計物件結構（**編註：** 就是類別），以便能隨時透過物件來操作其方法（method）或屬性。我們會將 CycleGAN 定義為 Python 的類別，並分別撰寫方法來建立生成器、鑑別器、以及進行訓練。

9.7 實例：實作 CycleGAN

本實例會使用 Keras-GAN 的範本，並用 Tensorflow 當 Keras 後端 [註6]。測試環境為：Keras 2.2.4、TensorFlow 1.12.0、Keras_contrib 編號（hash）46fcdb9384b3bc9399c651b2b43640aa54098e64。這次我們終於改用別的資料集了（不再是手寫數字了！），不過為了容易學習，我們還是挑最簡單的 apple2orange 資料集。接著就直接從匯入模組開始吧！見下面程式。

★ 小編補充 小編在 Colab 中以 Keras 2.4.3、TensorFlow 2.3.0、Python3.6.9 執行範例筆記本中的程式，遇到 6 處錯誤並做了以下修改，讀者如遇到同樣問題也可照著修改看看。

接下頁

註6：參見：Keras-GAN GitHub repository by Erik Linder-Norn, 2017, https://github.com/eriklindernoren/Keras-GAN。

1. 在最前面加入以下程式，以解決範例程式中遇到的 4 個問題：

```
!mkdir ./datasets    ❶ 建立資料夾以儲存下載的檔案
!mkdir ./images
!mkdir ./images/apple2orange ❷ 建立資料夾以儲存 CycleGAN 生成的圖片

!pip install scipy==1.2.1    ❸ 降 scipy 版本以避免 bug


import tensorflow as tf
tf.compat.v1.disable_eager_execution() ❹ 關閉 Eager excution
```

❶ 建立 ./datasets 資料夾的目的，是要避免在第 2 單元格中執行 bash 腳本時，因資料夾不存在而無法儲存下載的檔案，此時雖然整個筆記本程式仍可正常執行，但會很快就執行完畢並且沒有任何輸出。

註： 在最前面加 ! 就表示要 Colab 將這行視為**命令列指令**（而非 Python 程式碼）來執行。

❷ 建立 ./images/apple2orange 資料夾，則是要避免在訓練模型時呼叫 sample_images() 儲存並顯示生成的圖片時，出現「FileNotFoundError: [Errno 2] No such file or directory: 'images/apple2orange/0_0.png'」的錯誤。

❸ 由於 scipy 新版本中已不支援 misc.imread() 等函式，因此將之降為 1.2.1 版來避免出現「AttributeError: module 'scipy' has no attribute 'misc'」或其他類似錯誤。雖然也可直接將 scipy 換為其他更適合的套件，但要修改的地方較多。

❹ Eager excution 是 Tensorflow 2.0 新加入的功能，執行舊版程式時可能會因此發生問題，在此將之關閉以避免訓練時出現「FailedPreconditionError: Error while reading resource variable _AnonymousVar521 from Container: localhost. This could...」的錯誤。

2. 在程式中匯入套件的地方，將「from keras_contrib.layers.**normalization** import InstanceNormalization」中的「.normalization」刪除，以避免出現「ImportError: cannot import name 'InstanceNormalization'」的錯誤。

接下頁

3. 在進行訓練時，若出現 OOM（Out Of Memory）錯誤「Resource exhausted: OOM when allocating tensor with...」，表示記憶體不夠用了，此時可將程式最後的「cycle_gan.train(epochs=100, batch_size=64, sample_interval=10)」的 batch_size（批次量大小）參數改小一點（例如 32）試看看。

註： 若在程式最前面加一行「%tensorflow_version 1.x」讓 Colab 以 Tensorflow 1.x 執行範例程式，那麼同樣也會遇到以上除了 Eager excution 之外的問題，只要做同樣修改即可解決問題。

另外，在範例程式的某些單元格最前面會多出一行「#@title」，此指令是用於表單功能（指定表單的標題）並會將單元格右半邊做為表單顯示之用。但由於此行在本例中為多餘，可將之刪除以免單元格右半邊的程式碼無法顯示。

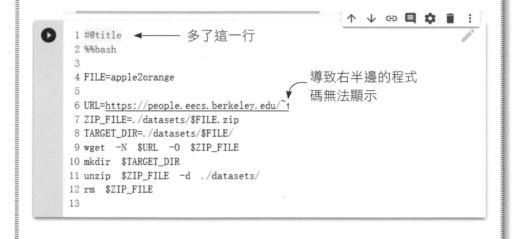

```
1  #@title      ◀── 多了這一行
2  %%bash
3
4  FILE=apple2orange
5                                    導致右半邊的程式
6  URL=https://people.eecs.berkeley.edu/~1    碼無法顯示
7  ZIP_FILE=./datasets/$FILE.zip
8  TARGET_DIR=./datasets/$FILE/
9  wget  -N  $URL  -O  $ZIP_FILE
10 mkdir  $TARGET_DIR
11 unzip  $ZIP_FILE  -d  ./datasets/
12 rm  $ZIP_FILE
13
```

程式 9.1	匯入模組、函式庫等必要元件

```
from __future__ import print_function, division
import scipy
from keras.datasets import mnist
from keras_contrib.layers.normalization import InstanceNormalization
from keras.layers import (Input, Dense, Reshape, Flatten, Dropout,
                          Concatenate)
```

若出現 ImportError 請將 .normalization 刪除

接下頁

```
from keras.layers import (BatchNormalization, Activation,
                          ZeroPadding2D)
from keras.layers.advanced_activations import LeakyReLU
from keras.layers.convolutional import UpSampling2D, Conv2D
from keras.models import Sequential, Model
from keras.optimizers import Adam
import datetime
import matplotlib.pyplot as plt
import sys
from data_loader import DataLoader
import numpy as np
import os
```

　　如之前所說的，我們會將程式寫成物件導向風格。首先建立 CycleGAN 類別，並把所有初始化參數（包括建立 DataLoader 物件來載入資料）都包進去，如下面程式所示。DataLoader 請直接參考本書的 GitHub repository，它只是用來載入預先處理好的資料。

程式 9.2 定義 CycleGAN 類別

```
class CycleGAN():
    def __init__(self):
        self.img_rows = 128
        self.img_cols = 128          —— 樣本圖片的維度
        self.channels = 3
        self.img_shape = (self.img_rows, self.img_cols, self.channels)

        self.dataset_name = 'apple2orange'  ◀— 設定要載入的資料集名稱
        self.data_loader = DataLoader(dataset_name=self.dataset_name,
                          img_res=(self.img_rows, self.img_cols))

                          —— 建立 DataLoader 物件來載
                             入預先處理好的資料集

        patch = int(self.img_rows / 2**4)   ◀— 計算鑑別器（PatchGAN
        self.disc_patch = (patch, patch, 1)      架構）的輸出維度

        鑑別器輸出的 shape 為 (8, 8, 1)
```

接下頁

```
        self.gf = 32   ◄── 生成器第一層的過濾器數量
        self.df = 64   ◄── 鑑別器第一層的過濾器數量
        self.lambda_cycle = 10.0    ◄── 來回一致損失的權重
        self.lambda_id = 0.9 * self.lambda_cycle   ◄── 特質損失的權重

        optimizer = Adam(0.0002, 0.5)
```

> **◆ 編註** 請注意，以上 __init__() 的內容尚未寫完，下一小節還會繼續撰寫。

　　新加入的兩項超參數為 lambda_cycle 與 lambda_id。其中第二項是 **特質損失** 的權重，模型對這個參數的變動極為敏感（尤其是訓練早期），CycleGAN 作者也有提到 [註7]；若是設太小，反而會導致意料之外的結果：像是顏色會變過頭。我們是用 apple2orange 搭配不同參數做了幾次訓練後才決定用這個值。

　　第一項 lambda_cycle 則是 **來回一致損失** 的權重。把它設大一點，可以確保原圖和重建圖片盡可能相似。

> **◆ 小編補充** 前面所說的權重，是指在編譯模型時，可針對每個輸出的損失指定不同的權重，以調整每個損失在訓練時的重要性。

▌9.7.1　建立 CycleGAN 的 4 個神經網路

　　有了基本參數後，我們就來建立基本的神經網路，可參考程式 9.3。我們會先從高階的部份開始，然後再撰寫底層的細節（**編註：** 就是先使用尚未實作的底層 method 來建立 2 個鑑別器及 2 個生成器，至於底層 method 則留到後續小節中再實作）。

註7：參見："pytorch-CycleGAN-and-pix2pix Frequently Asked Questions," by Jun-Yan Zhu, April 2019, http://mng.bz/BY58。

接著在前面的 __init__() 中，繼續進行以下的操作：

1 新增並編譯兩個**鑑別器**：D_A 與 D_B

2 新增兩個**生成器**：（ **編註：** 以便分別輸入 A 域及 B 域的影像做正向與反向訓練）

    a. 分別用 G_{AB}、G_{BA} 表示

    b. 為每個生成器準備影像輸入層

    c. 分別將輸入的影像轉譯到另一個域

    d. 分別重建（轉譯）回原始域

    e. 分別計算特質損失

    f. 鎖定 2 個鑑別器的參數（以免在訓練生成器時被修改）

    g. 編譯這兩個生成器

> **★ 編註** 以上所建立的生成器，其實是「生成器」＋「鎖定參數的鑑別器」的組合模型。

程式 9.3 在 __init__() 中繼續建立及編譯 4 個神經網路

```
self.d_A = self.build_discriminator()
self.d_B = self.build_discriminator()
self.d_A.compile(loss='mse', optimizer=optimizer,
                 metrics=['accuracy'])
self.d_B.compile(loss='mse', optimizer=optimizer,
                 metrics=['accuracy'])

self.g_AB = self.build_generator()
self.g_BA = self.build_generator()
```

建立並編譯**鑑別器**

從這裡開始，建立**生成器**的訓練流程。這兩行先建立生成器

接下頁

> **★ 編註** 以上 d_A 和 d_B 的損失函數為 mse，但其實也可改用前幾章鑑別器都在用的 binary_crossentropy，不過據小編測試，這二種方式的執行結果都差不多。

```
        img_A = Input(shape=self.img_shape)          建立兩個域圖片
        img_B = Input(shape=self.img_shape)          的輸入層

        fake_B = self.g_AB(img_A)         將影像轉譯
        fake_A = self.g_BA(img_B)         到另一個域

        reconstr_A = self.g_BA(fake_B)        將影像轉
        reconstr_B = self.g_AB(fake_A)        譯回原域

        img_A_id = self.g_BA(img_A)         影像的特質映射 (identity mapping)
        img_B_id = self.g_AB(img_B)         ( 編註: 以便用它來計算特質損失 )

        self.d_A.trainable = False        鎖定鑑別器（因為這個組合
        self.d_B.trainable = False        模型只用來訓練生成器）

        valid_A = self.d_A(fake_A)         用鑑別器來鑑定
        valid_B = self.d_B(fake_B)         轉譯影像

                                   建立「有 2 個輸入、6 個輸出」的組合模
                                   型來訓練生成器，以學習如何騙過鑑別器

        self.combined = Model(inputs=[img_A, img_B],
                              outputs=[valid_A, valid_B,
                                       reconstr_A, reconstr_B,
                                       img_A_id, img_B_id])
        self.combined.compile(loss=['mse', 'mse',     ←  編譯模型
                                    'mae', 'mae',
                                    'mae', 'mae'],
                              loss_weights=[1, 1,
                                            self.lambda_cycle, self.lambda_cycle,
                                            self.lambda_id, self.lambda_id],
                              optimizer=optimizer)
```

　　從前面的程式碼可看出：組合模型的輸出會有 6 個。這是因為我們必須根據 ❶ **對抗性損失**（影像的真實性，由鑑別器估計）、❷ **來回一致損失**（即重建損失）、❸ **特質損失**來進行優化，另外因為有 2 組（A-B-A 與 B-A-B），所以要再乘 2 共有 6 個損失。前 2 個損失是均方誤差（mse），其他 4 個則是平均絕對誤差（mae）。它們之間的**相對權重**由前面定義的 lambda 決定。

9.7.2 建立生成器的 method

接下來要撰寫建立生成器的 method（**編註：** 寫在 CycleGAN 類別中），請參考程式 9.4，我們會用 9.5.2 小節提過的跳接方式搭配 U-Net 架構。跟某些常用的 ResNet 架構相比，此架構更容易撰寫。在生成器函式中，會先定義 2 個輔助函式：

1 conv2d() 函式可以建立一個特殊的神經層，內含結構如下：

a. 標準的 2D 卷積層

b. ReLU 激活函數

c. **實例正規化**（Instance normalization）**註8**

2 deconv2d() 函式可建立轉置卷積層（也就是反卷積層 **註9**），內含結構如下：

a. 將輸入的特徵圖做升採樣

b. 可選擇是否使用丟棄法（當 dropout rate 不為 0 時就會使用）

c. 一律套用**實例正規化**

d. 用**跳接**將本層與對應（相同維度）的降採樣區塊串聯起來（見圖 9.6，這很重要）。

◆★說明 我們會用 UpSampling2D(**編註：** 這是 Keras 內建的升採樣神經層）來實作步驟 2a；這個神經層只是用最近像素作插值來將維度加倍，本身並不具有可學習的參數。

註8：實例正規化其實跟第 4 章提到的批次正規化很類似，差別在於，後者是對整個批次的資料做正規化，而前者是分別**對每個通道內的每個特徵圖做正規化**。實例正規化通常可以為風格轉換或圖像轉譯等任務**提供更高畫質的影像**，這正是 CycleGAN 需要的！

註9：雖然有些人堅持轉置卷積層才是正確的術語，但把它説成反向的卷積，或是反卷積其實也可以。

接著開始建立生成器：

3 建立輸入層將影像（128×128×3）輸入到 d0 層。

4 將 d0（128×128×3）輸入 conv2d，輸出 64×64×32（d1）。

5 將 d1（64×64×32）輸入 conv2d，輸出 32×32×64（d2）。

6 將 d2（32×32×64）輸入 conv2d，輸出 16×16×128（d3）。

7 將 d3（16×16×128）輸入 conv2d，輸出 8×8×256（d4）。

8 u1：從 d4 做升採樣，並在 d3 與 u1 之間做跳接。

9 u2：從 u1 做升採樣，並在 d2 與 u2 之間做跳接。

10 u3：從 u2 做升採樣，並在 d1 與 u3 之間做跳接。

11 u4：直接做升採樣變成 128×128×64 影像（**編註**：請注意這裡並未與 d0 跳接，與前面 9-12 頁的圖 9.6 不同）

12 用標準 2D 卷積把多餘的特徵圖深度去掉，只留下 128×128×3（高 × 寬 × 顏色通道）

程式 9.4 建立生成器的 method（定義在 CycleGAN 類別中）

```
def build_generator(self):
    """建立 U-Net 結構的生成器"""

    def conv2d(layer_input, filters, f_size=4):
        """降採樣的神經層"""
        d = Conv2D(filters, kernel_size=f_size, strides=2,
                   padding='same')(layer_input)
        d = LeakyReLU(alpha=0.2)(d)
        d = InstanceNormalization()(d)
        return d
```

接下頁

```
    def deconv2d(layer_input, skip_input, filters, f_size=4, dropout_rate=0):
        """升採樣的神經層"""
        u = UpSampling2D(size=2)(layer_input)
        u = Conv2D(filters, kernel_size=f_size, strides=1,
                   padding='same', activation='relu')(u)
        if dropout_rate:
            u = Dropout(dropout_rate)(u)
        u = InstanceNormalization()(u)
        u = Concatenate()([u, skip_input])   ◀── 編註： 跳接
        return u

    d0 = Input(shape=self.img_shape)   ◀── 影像輸入層

    d1 = conv2d(d0, self.gf)        ┐
    d2 = conv2d(d1, self.gf * 2)    │── 降採樣
    d3 = conv2d(d2, self.gf * 4)    │
    d4 = conv2d(d3, self.gf * 8)    ┘

                          編註： 此函式會將 d4 及 d3 都接到 u1上, 因
                          此 d3 會與 u1 跳接： d3 ····▶ d4 ──▶ u1

    u1 = deconv2d(d4, d3, self.gf * 4)  ┐
    u2 = deconv2d(u1, d2, self.gf * 2)  │── 升採樣
    u3 = deconv2d(u2, d1, self.gf)      ┘

    u4 = UpSampling2D(size=2)(u3)
    output_img = Conv2D(self.channels, kernel_size=4,
                        strides=1, padding='same', activation='tanh')(u4)

    return Model(d0, output_img)
```

▌9.7.3 建立鑑別器的 method

在建立鑑別器的 method 中包含一個輔助函式，它可建立一個結合 2D 卷積層、LeakyReLU、實例正規化（可選擇要不要做）的神經層。我們按照以下步驟實作此 method，程式碼可參考程式 9.5：

1 將輸入影樣（128×128×3）傳遞到 d1（64×64×64）。

2 從 d1（64×64×64）傳遞到 d2（32×32×128）。

3 從 d2（32×32×128）傳遞到 d3（16×16×256）。

4 從 d3（16×16×256）傳遞到 d4（8×8×512）。

5 將 d4（8×8×512）用 conv2d 壓成 8×8×1。

程式 9.5 可建立鑑別器的 method（定義在 CycleGAN 類別中）

```python
def build_discriminator(self):

    def d_layer(layer_input, filters, f_size=4, normalization=True):
        """建立鑑別器的神經層"""
        d = Conv2D(filters, kernel_size=f_size,
                    strides=2, padding='same')(layer_input)
        d = LeakyReLU(alpha=0.2)(d)
        if normalization:
            d = InstanceNormalization()(d)
        return d

    img = Input(shape=self.img_shape)

    d1 = d_layer(img, self.df, normalization=False)
    d2 = d_layer(d1, self.df * 2)
    d3 = d_layer(d2, self.df * 4)
    d4 = d_layer(d3, self.df * 8)

    validity = Conv2D(1, kernel_size=4, strides=1, padding='same')(d4)

    return Model(img, validity)
```

9.7.4 訓練模型的 method

寫好所有的神經網路後，接著撰寫訓練的 method。在 CycleGAN 的訓練演算法中，每次訓練迭代的細節如下：

CycleGAN 訓練演算法：

· ·

For each 訓練迭代 do

1. **訓練鑑別器：**

   a. 隨機從 A、B 域各取一小批次的真樣本：(imgsA 與 imgsB)

   b. 用生成器 G_{AB} 將 imgsA 轉譯到 B 域，用 G_{BA} 將 imgsB 轉譯到 A 域。

   c. 用鑑別器 D_A，分別計算原域影像與從 B 域轉譯來的影像造成的損失：$D_A(imgsA, 1)$ 與 $D_A(G_{BA}(imgsB), 0)$，然後將兩損失相加。D_A 小括號中的 1 與 0 是標籤。

   d. 用鑑別器 D_B，分別計算原域影像與從 A 域轉譯來的影像造成的損失：$D_B(imgsB, 1)$ 與 $D_B(G_{AB}(imgsA), 0)$，然後將兩損失相加。D_B 小括號中的 1 與 0 是標籤。

   e. 將步驟 c 與 d 的損失相加，得到鑑別器總損失。

2. **訓練生成器：**

   a. 這裡使用組合模型：

      • 分別輸入 A 域(imgsA)與 B 域(imgsB)的影像

      • 輸出為：

接下頁

---

1. B 域轉譯為 A 域後，與 A 域的近似程度：$D_A(G_{BA}(imgsB))$

2. A 域轉譯為 B 域後，與 B 域的近似程度：$D_B(G_{AB}(imgsA))$

3. A 域影像來回轉譯後的還原結果：$G_{BA}(G_{AB}(imgsA))$

4. B 域影像來回轉譯後的還原結果：$G_{AB}(G_{BA}(imgsB))$

5. A 域影像的特質映射：$G_{BA}(imgsA))$ ⟵ 忘記的話請回
去看 9.4 節

6. B 域影像的特質映射：$G_{AB}(imgsB))$

b. 分別計算 1 及 2 的**對抗損失**、3 及 4 的**來回一致損失**、5
及 6 的**特質損失**，然後用這些損失來優化兩組生成器的參
數。計算的方式如下：

- MSE（均方誤差）用於前 2 項的鑑別器輸出機率，以計算
對抗損失

- MAE（平均絕對誤差）用於後 4 項的輸出影像，以計算來
回一致損失與特質損失

End for

整個 CycleGAN 訓練演算法的實作如下：

程式 9.6 CycleGAN 的訓練 method

```
def train(self, epochs, batch_size=1, sample_interval=50):
    start_time = datetime.datetime.now()

    valid = np.ones((batch_size,) + self.disc_patch)      建立對抗損
    fake = np.zeros((batch_size,) + self.disc_patch)      失的標籤

    for epoch in range(epochs):
        for batch_i, (imgs_A, imgs_B) in enumerate(
            self.data_loader.load_batch(batch_size)):

            fake_B = self.g_AB.predict(imgs_A)            先把影像轉譯
            fake_A = self.g_BA.predict(imgs_B)            到另一個域
```

接下頁

```
          dA_loss_real = self.d_A.train_on_batch(imgs_A, valid)
          dA_loss_fake = self.d_A.train_on_batch(fake_A, fake)
          dA_loss = 0.5 * np.add(dA_loss_real, dA_loss_fake)

          dB_loss_real = self.d_B.train_on_batch(imgs_B, valid)
          dB_loss_fake = self.d_B.train_on_batch(fake_B, fake)
          dB_loss = 0.5 * np.add(dB_loss_real, dB_loss_fake)
```

訓練鑑別器（原影像 =real、轉譯影像 =fake）

```
          d_loss = 0.5 * np.add(dA_loss, dB_loss)  ◄── 鑑別器總損失
```

訓練生成器

```
          g_loss = self.combined.train_on_batch([imgs_A, imgs_B],◄
                                                [valid, valid,
                                                 imgs_A, imgs_B,
                                                 imgs_A, imgs_B])
```

每隔一定迭代次數便儲存生成的樣本

```
          if batch_i % sample_interval == 0:  ◄
              self.sample_images(epoch, batch_i)  ◄
```

此函式功能跟前幾章的都一樣，你
可從 GitHub repository 查看實作細節

▌9.7.5　實際開始訓練

　　寫了一堆複雜的程式碼後，現在可以實際新增一個 CycleGAN 物件並輸入樣本影像，看看結果如何：

```
gan = CycleGAN()
gan.train(epochs=100, batch_size=64, sample_interval=10)
```

　　圖 9.7 展示了我們辛勤工作的部份成果。

原圖	轉譯	重建

原圖	轉譯	重建
		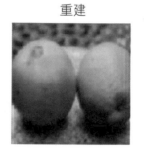

編註： 每次會顯示 2 排，上為蘋果→柳丁→蘋果，下為柳丁→蘋果→柳丁。

圖 9.7： 把蘋果變成柳丁，再把柳丁變回蘋果。我們在 Jupyter notebook 寫下的一行行程式碼，造就了這張圖。（結果可能會因亂數種子、TensorFlow 與 Keras 的版本或超參數設定而略有差異。）

★ 小編補充 請注意，CycleGAN 主要是做域（例如顏色、風格等）的轉換，基本的圖形結構則會保留。因此上圖中將蘋果轉譯為柳丁時，只會讓蘋果的顏色、材質等看起來像柳丁，但仍然會保持蘋果的形狀。由於真正讓人驚艷的應用，例如將素描圖轉為實景照片、將畫作轉為莫內或梵谷風格、將照片景色做季節轉換等，其程式都較為複雜且資料量很大不易執行。作者為求簡單易執行，所以選擇較平凡的 apple2orange 為例，畢竟能理解程式邏輯、並能順利做出結果，才是現階段對學習最有幫助的方法。

9.8 CycleGAN 的強化和應用

希望你看到 CycleGAN 的各種轉換結果時也會跟我們一樣讚嘆不已。許多研究人員因為如此神奇的結果而投入研發行列，使這項技術不斷進化。本節就來介紹一些 CycleGAN 的加強版，以及各種相關的延伸應用。

▋ 9.8.1 CycleGAN 加強版（Augmented CycleGAN）

《CycleGAN 加強版：從不成對的資料中學習多對多映射》（"Augmented CycleGAN: Learning Many-to-Many Mappings from Unpaired Data"）是一種標準 CycleGAN 的巧妙擴展，它可在來回轉譯時提供潛在空間的額外資訊。這個發表於 ICML 2018 大會（在斯德哥爾摩舉行）上的 CycleGAN 加強版，能為生成過程提供額外變數 [註10]，它跟 CGAN（條件式 GAN）很類似，都能為生成過程提供額外的條件約束。就像 CGAN 可於潛在空間中額外提供條件標籤，我們同樣也可在 CycleGAN 已有的基礎上另加條件約束。

比如說，我們從 A 域取出某只鞋的輪廓，將之轉譯為 B 域的藍色立體實品影像；若使用傳統 CycleGAN，生成的實品就只能是藍色。但現在我們可從潛在空間中動手腳，以生成出橘色、黃色或其他顏色的實品。

從這個新的框架也可以發現原始 CycleGAN 的侷限性：缺乏額外的種子參數（例如可變換顏色的潛在向量 z），所以我們無法掌控或改動另一邊生成的結果。一旦模型學會將手提包素描轉譯為橘色實品，它就變不出其他顏色，只能一直生成橘色。反之，CycleGAN 加強版多了額外的潛在空間向量，因此能夠掌控生成物的變化，可參考圖 9.8。

註10：參見："Augmented Cyclic Adversarial Learning for Low Resource Domain Adaptation," by Ehsan Hosseini-Asl, 2019, https://arxiv.org/pdf/1807.00374.pdf。

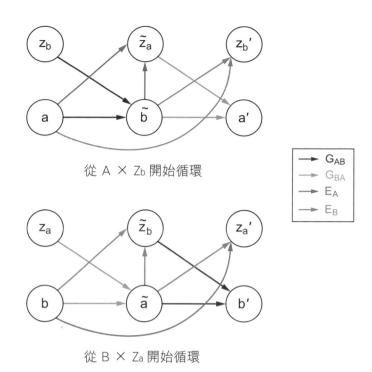

從 A × Z_b 開始循環

從 B × Z_a 開始循環

圖 9.8：CycleGAN 加強版的資訊流多了潛在向量 Z_a 與 Z_b，可以連同影像一起輸入生成器，以控制輸出的結果。
（來源："Augmented CycleGAN: Learning Many-to-Many Mappings from Unpaired Data," by Amjad Almahairi et al., 2018, http://arxiv.org/abs/1802.10151。）

▍9.8.2 CycleGAN 的各種應用

在 CycleGAN 發表後，很多直接或間接的相關應用如雨後春筍般大量出現。不過它們大都圍繞在如何生成超寫實的虛擬場景。比方說，如果要為自駕車公司提供更多的訓練場景，只要先用 Unity 或俠盜獵車手 5（GTA 5）模擬出所需的 3D 場景，然後就可用 CycleGAN 轉譯出高度擬真的場景。

某些特殊場景，尤其是高風險的情況（例如模擬車禍、或消防車往目的地疾駛之類的場景），這些場景在自駕車的訓練資料中不可或缺，但建立起來不僅昂貴且耗時，所以用這種方法補足資料非常值得。對自駕車公司來說，高風險情況對於平衡訓練資料的內容非常重要，因為這些危險狀況雖然不常發生，但對於「訓練正確的駕駛行為（ 編註： 以預防或避開危險狀況）」卻極為重要。

這種框架的其中一個例子是**來回一致對抗域適應**（Cycle Consistent Adversarial Domain Adaptation，CyCADA）^{註 11}，不過其完整原理已經超出本章範圍。CyCADA 的整個架構可以參考圖 9.9，你看了應該可以了解這有多複雜。同樣的框架其實不少，還有些人嘗試在語言、音樂或其他領域使用 CycleGAN。

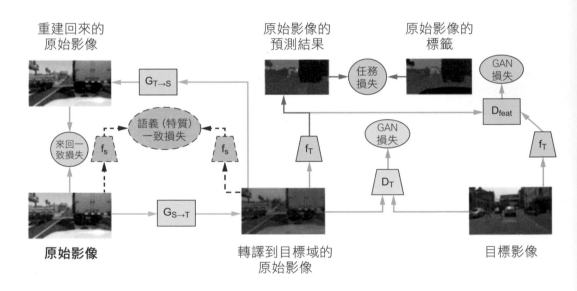

圖 9.9：這結構和前面介紹的有點相似，但較為複雜。要特別說明的是：這裡多了一種與標籤及影像特質理解有關的「任務損失」（task loss），可以幫助我們檢查影像特質是否不變。

註11：參見："CyCADA: Cycle-Consistent Adversarial Domain Adaptation," by Judy Hoffman et al., 2017,https://arxiv.org/pdf/1711.03213.pdf。

重點整理

- **圖像轉譯**的框架通常很難訓練，因為必須準備完美配對的影像樣本；而 CycleGAN 則可使用來自兩個域的不成對樣本做訓練，徹底擺脫這個問題。

- CycleGAN 使用 3 種損失：

  » **來回一致損失**：原始影像與二次轉譯回原域的影像之間的差異

  » **對抗損失**：用於確保影像與該域匹配

  » **特質損失**：用於保留影像的色彩結構

- 兩組生成器都採用 U-Net 架構，而兩組鑑別器則使用類似 PatchGAN 的架構。

- 我們用物件導向實作了 CycleGAN，並用它將蘋果換成柳丁。

- CycleGAN 有包括自駕車訓練在內的眾多相關應用，也有一些進化的變體，可針對同一目標域轉譯出不同樣式的影像。

MEMO

Part 3

GAN 的實際應用
及未來方向

本篇（Part 3）會探討一些 GAN 的實際應用，以及各種最新的技術，
讀者在第 1 篇與第 2 篇中所學到的知識，在這都能派上用場。

- 第 10 章會介紹**對抗性樣本**（用特殊手法欺騙分類器，使其判斷錯
  誤），這項技術在理論與實用方面都意義重大。

- 第 11 章會探討 GAN 在**醫藥**與**時尚**方面的實際應用，它們使用的模
  型都是本書介紹過的 GAN 變體。

- 第 12 章會簡述 GAN 及其應用的相關**道德規範**，以及幾種**新興的
  GAN 技術**。期待讀者在消化完本書內容後，還可繼續在 GAN 領
  域做更深入的研究或開發更多新應用。

對抗性樣本
（Adversarial example）

本 章 內 容

- 對抗性樣本的用途及其影響力

- 由電腦視覺領域觀察深度學習的潛在弱點

- 親手用真實影像與雜訊合成出對抗性樣本

既然讀者都看到這裡了，想必應該已經對 GAN 有了具體的概念。不過對 2014 年的人們來說，GAN 幾乎是一場信仰上的大躍進，尤其是對 Ian Goodfellow 及其他在該領域工作的人來說 [註1]，那時**對抗性樣本**才剛被發現，大家還來不及深入了解，就都轉身投入 GAN 的研究行列。此後對抗性樣本就一直被忽略，而未受到應有的重視。

　　本章將深入探討**對抗性樣本**（adversarial example），它是一種經過特殊設計，可使某些分類演算法發生嚴重誤判的樣本。

　　我們還會討論它與 GAN 的關聯，並解釋為何**對抗式學習**（adversarial learning）依然是機器學習中一個有待解決的重要議題（非常重要卻常被忽略）。即使對抗性樣本是影響機器學習穩健性、公平性、與安全性的重要因素，但卻很少人討論它。

　　雖說在過去五年中，機器學習領域已有長足進步，在某些方面的表現甚至已經遠遠超過人類，像是**電腦視覺**（computer vision，**CV**，後文中均簡稱 CV）分類任務，或棋藝遊戲等方面皆是如此 [註2]。然而，光靠分類指標與 ROC 曲線 [註3]，我們還是無法了解：(a) 神經網路做決策的邏輯、(b) 比較容易導致誤判的弱點。本章會先觸及第一點，再深入探討第二點。在開始之前先聲明一下，雖然本章只有談到 CV 領域，但其他領域（例如文字或語言等）一樣都有對抗性樣本的問題 [註4]。

註1：參見："Intriguing Properties of Neural Networks," by Christian Szegedy et al., 2014, https://arxiv.org/pdf/1312.6199.pdf。

註2：雖說目前還沒有研究清楚人類高效率的視覺辨識能力，但至少在 Dota2 和圍棋方面，人類已經打不過 AI 了。

註3：ROC 曲線（receiver operating characteristic curve，ROC）是統計學上用來評估「預測模型」優劣的一種工具。

註4：參見："Adversarial Attacks on Deep Learning Models in Natural Language Processing: A Survey," by Wei Emma Zhang et al., 2019, http://arxiv.org/abs/1901.06796。另見："Adversarial Examples That Fool Both Computer Vision and Time-Limited Humans," by Gamaleldin F. Elsayed et al., 2018, http://arxiv.org/abs/1802.08195。

說到神經網路的表現，第一個想到的應該是：它在 ImageNet 這個大型資料集的辨識錯誤率比人類還低。其實這個常被拿來當宣傳的統計數據（一開始不過是個學術笑話，不料被以訛傳訛，衍生出神經網路優於人類的說法），只不過是用平均值來掩飾其性能缺失。真人通常只會犯一些很普通的錯誤，像是無法分辨不同品種的狗；但機器學習犯的錯卻離譜很多。經過進一步調查，才發現是**對抗性樣本**惹的禍。

CV 演算法與人類視覺不同之處，是當它遇到一些「具備訓練樣本的特徵、但本質卻完全不同」的資料時（ 編註: 例如根本不是圖片資料、或者一張雜訊圖卻湊巧具有訓練樣本的一些特徵），就很容易發生誤判。這是因為演算法是從一堆差異很大的樣本中學習分類方法，即使我們準備了很多的樣本，它也只能從中學到分類的方法，而學不到真正資料的本質（ 編註: 例如判斷是否為正常的圖片資料）。

我們在訓練 Inception V3、VGG-19 等神經網路時，發現了一種透過訓練資料的**薄流形**（thin manifold, 一種非線性降維的方法）來學習圖像分類的神奇方法。但當有人試著找出這種演算法的缺陷時，他們發現了一個大漏洞——機器學習演算法居然會被一點小變形騙過去（ 編註: 例如在圖片中摻入一些雜訊）。到目前為止，幾乎所有當紅的機器學習演算法都有這個漏洞，有人認為這也是為何我們不敢把重任完全交給機器的原因。

★ 說明 訓練**流形**（manifold）雖然聽起來很炫，說穿了不過就是樣本的高維分佈。想像一下監督式學習用的訓練集，例如一張 300×300 像素的圖片，其樣本空間高達 270,000（300×300×3 色）維，這會讓訓練變得很複雜。

10.1 對抗性樣本的用途

在開始前，我們先稍微解釋為何在本書快要結束時才介紹這個主題：

1 對抗性樣本通常指的是能讓某系統誤判的**人工合成樣本**。會製造這種樣本的人不是心存歹意的攻擊者，就是想測試系統穩定性的研究人員。對抗性樣本雖然和 GAN 有很多相似之處，但它們之間有**動機**上的差異。

2 讀者可從中了解為何 GAN 很難訓練，以及現在的機器學習系統為何經常不堪一擊。

3 對抗性樣本為 GAN 開啟了不同的應用，因此我們希望至少能讓讀者了解其基本原理。

對抗性樣本其實應用還蠻廣的，原因如下：

● 如上所述，對抗性樣本可以被有心人濫用在任何地方，所以重要的系統都必須用各種對抗性樣本反覆測試，確保其強固性（耐受干擾或攻擊的能力）。你總不希望駭客能輕鬆騙過臉部辨識系統來駭進你的手機吧？

● 幫助我們了解機器學習的公平性，這方面已經逐漸受到重視。**對抗式學習**所學到的**表示法**很有用，它可以用來提升分類的準確率，並防止有心人從中還原一些受保護的資訊，這應該是確保機器學習不會歧視任何人的唯一方法（ 編註： 這段話應該是說我們可將某些必須保密的資訊暗藏到資料**表示法**中，這樣即可隱藏需要保密的資訊，又可避免某些人因被分類錯誤而受到不公平的對待）。

● 同樣的，我們可以使用對抗式學習來保護個人隱私（醫療或財務相關資訊）。不過這裡我們只關心個資會不會被有心人重建出來。

　　就目前研究而言，學習如何防禦對抗性樣本的唯一方法，就是先了解對抗性樣本的攻擊手法，這是因為大多數的論文都是先描述要對付的攻擊類型，然後再提出解決方法。至少在我們撰寫本書時，還沒看到能夠應付所有攻擊類型的通用防禦手段。至於這是不是進一步研究對抗性樣本的好理由，還得看讀者自己怎麼想了。不過由於這些防禦手法已超出本書範圍，我們無法一一介紹（但會在本章最後稍微提一下基本原理）。

10.2 深度學習的潛在弱點：容易被騙

為了真正理解對抗性樣本，我們先回頭看一下 CV（電腦視覺）的分類任務，稍微了解一下模型建立起來有多困難。從輸入原始像素開始，直到真的能分類影像，一路走來其實很不容易。

首先，我們必須從資料集中歸納出一個通用的預測方法，此方法要能適用於現實中所有可能的資料，而這些資料的種類遠遠超出訓練集中的樣本。再者，從像素分佈的觀點來看，光是自己拍的圖片就跟訓練集中同類型的圖片差很多，更何況只要拍攝時角度稍微改變一下，像素分佈就整個改變了。

若訓練集裡有 100,000 張 300×300 的 RGB 圖片，就表示我們要處理的每張圖片都高達 270,000 維度。圖片中每個單色像素都代表一個獨立的維度，其值有 256（0-255）種（就 8 位元色彩深度來說），所以理論上總共會有 $256^{270,000}$（結果會是 650,225 位數的數值）種不同排列組合的圖片。當然，其中大部分的排列組合是根本沒意義的，但有意義的部份也為數極為龐大。

我們的資料集就算只想涵蓋其中的 1%，都得準備極大量的樣本。實際訓練集的樣本數通常比這個數字少很多，所以我們的演算法必須「見微知著」地從有限資料中推測出所有可能資料的特徵才行，因為在訓練時根本無法看到訓練集以外的資料。

> **★ 說明** 要讓深度學習演算法發揮真正的威力，通常至少要準備 100,000 筆樣本。

我們知道演算法必須**普遍適用**於所有可能的資料，才能真正用來預測未見過的資料。電腦視覺演算法之所以能發揮作用，主要是因為它們能合理猜測那些未看過的母體資料，但這個優勢也是它最大的弱點（**編註：**因為是猜測的，就算再會猜也必有漏洞存在，因此容易被小伎倆欺騙）。

本節我們會用兩種不同的觀點來思考對抗性樣本：一是原理，二是比喻。先從第一種觀點，也就是從機器如何學會分類說起。這個神經網路有幾千萬個參數要訓練，我們得在訓練中逐步調整各個參數，使分類結果能與訓練集提供的標籤符合。至於要如何正確調整參數，通常是利用**隨機梯度下降法**（SGD）。

現在回想一下以前沒有 GAN 的日子，分類器那時候還很「單純」。我們必須準備一個可學習的分類函數 $f_\theta(x)$，比方說**深度神經網路**（deep neural network，DNN）：θ 為 DNN 的參數，能根據輸入 x（例如影像）輸出分類結果 $\hat{y}$。在訓練期間，我們可以把輸出結果 $\hat{y}$ 與真實類別 y 相比，得出損失（L）後，再調整 $f_\theta(x)$ 的參數 θ，使損失越小越好。全程可用公式 10.1、10.2、10.3 總結 **註 5**。

$$\hat{y} = f_\theta(x) \qquad (公式\ 10.1)$$

$$L = \| y - \hat{y} \| \qquad (公式\ 10.2)$$

$$\min_\theta \| y - \hat{y} \| \ \text{s.t.}\ \hat{y} = f_\theta(x) \qquad (公式\ 10.3)$$

我們將**預測**定義為樣本輸入神經網路後產生的輸出（公式 10.1），**損失**則是將預測與實際標籤的差異以某種形式表現（公式 10.2）。而最終目標就是要為 DNN 找到最適合的參數，**將預測與實際的差異縮到最小**（公式 10.3）。

註5：這只是超簡短的摘要，我們沒法著墨太多細節，希望讀者能看懂。如果看不懂，可以去看《Deep learning 深度學習必讀：Keras 大神帶你用 Python 實作》之類的書，以了解更多細節。

一切都很合理，不過問題是怎麼將分類損失減到最小呢？公式 10.3 描述的優化問題要怎麼解？我們通常會用 SGD 之類的方法：每跑完一批次樣本 x，就把原參數（θ_t）減去**學習率**（α）與**損失函數導數**（derivative）的乘積，得出新的參數（θ_{t+1}）。見公式 10.4：

$$\theta_{t+1} = \theta_t - \alpha * \frac{\partial L}{\partial \theta}$$ （公式 10.4）

這是目前能最快完成深度學習的方法。不過，如此強大的工具（SGD）也可能有別種用途，例如要是我們不縮小損失，而改成**加大損失**會怎樣？增加誤差會比減少誤差容易多了，這種小手段跟許多重大發現一樣，一開始不過像是程式臭蟲（bug），但後來卻發現能變成入侵的後門：若我們**光調整樣本中的像素**，而不調權重的話會怎樣？稍微動點心機，就變成對抗性樣本了。

有些讀者可能還不太了解 SGD，可以先看圖 10.1，回想一下典型的損失空間應該長什麼樣子。

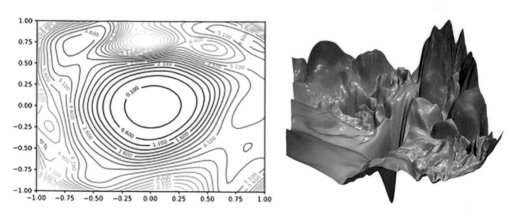

圖 10.1：深度學習演算法通常要處理的損失空間差不多長這樣。左邊是用二維等高線簡述的輪廓，右邊則是用三維圖形表現的大略模樣。還記得我們在第 6 章把它比喻成登山嗎？
（來源："Visualizing the Loss Landscape of Neural Nets," by Tom Goldstein et al., 2018,https://github.com/tomgoldstein/loss-landscape。）

第二個理解對抗性樣本的觀點（雖然不太完美）則是比喻。你可以把對抗性樣本想像成一種**條件式 GAN**（前兩章才提過）。我們可在一張圖片上加上某種「條件」，以生成出「特定域」的影像，只不過這個特定域中的影像剛好可以欺騙分類器。生成器可利用簡單的隨機梯度**上升**法，不斷調整生成的圖像來讓分類器看走眼（損失增加）。

不管你能不能接受這兩種觀點，我們就直接挑一些對抗性樣本來看看，看完後才會知道分類器有多好騙，只要在影像上動一點小手腳就可以了。FGSM（fast gradient sign method）是頭一批能產生對抗性樣本的方法，原理其實就跟我們前面描述的一樣簡單。

只要稍微朝反方向增加一點梯度就好（把公式 10.4 的減號改成加號），調整前、後的影像看起來幾乎完全一樣！千言萬語都不如一張圖有說服力，直接看圖 10.2，你就知道摻進的雜訊有多「少」了（**編註：**這裡的「少」是指對每個像素的 R、G、B 值 (0~255，已轉為浮點數) 都只做很少的改變，例如 +0.255 或 -0.255，因此在顯示時這些小數值的差異都被捨去了，根本看不出差異。據小編測試，約有 99.8% 的 RGB 值都摻入了 +0.255 或 -0.255 的雜訊）。

原始圖片　　　　摻了雜訊的**對抗性樣本**　　　　雜訊

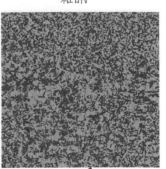

因雜訊值非常小難以顯示，這裡已將雜訊值放大 300 倍以便清楚觀察

圖 10.2：一點點雜訊造就極大的不同。左圖為原始圖片，中圖則摻入了右圖的雜訊（**編註：**在程式實作上，右圖的雜訊是由「中圖 - 左圖」所算出的差異，並且為了方便觀看，已將雜訊值放大約 300 倍並做了色彩的調整）。

以上顯示的圖片在載入程式時就已轉為 224x224 像素了，所以其內容看得較不清楚。底下顯示原始的高解析度圖檔，以方便讀者觀察圖中的細節：

另外，我們也可以寫一段程式來將雜訊值印出來看看（程式中的 adversarial 和 image 變數請見後面的程式 10.3）：

```
ddifference = adversarial[:, :, ::-1] - image[:, :, ::-1]   ←
print('雜訊的 shape:', difference.shape)     雜訊 = 對抗性樣本 - 原始圖片
print('前 5 個像素位置的雜訊:')
print(difference[0, 0:5])   ←── 顯示前 5 個像素位置的雜訊
```

⬇

```
雜訊的 shape: (224, 224, 3)
前 5 個像素位置的雜訊:                          第 0 像素位置的雜訊
[[ 0.25500488   0.25500488   0.25500488]   ←  （R、G、B 各一個）
 [-0.25500488  -0.25500488  -0.25500488]   ←  第 1 像素位置的雜訊
 [ 0.25500488   0.25500488   0.25500488]      （R、G、B 各一個）
 [ 0.25500488   0.25500488   0.25500488]
 [-0.25500488  -0.25500488  -0.25500488]]
```

請注意，由於這些雜訊值都很小（0.255），因此在上頁中顯示摻了雜訊的圖片時，這些小數的雜訊都會被捨去，以致顯示出來的圖片會跟原始圖片完全相同。

現在先將未經修改的度假勝地照片（左圖）輸入預先訓練好的 ResNet-50 分類器，看看輸出的前三項預測結果為何，登登登登……（直接看表 10.1）

表 10.1：原始圖片的預測結果

順序	類別	屬於該類的機率
第一	高山帳篷（mountain_tent）	0.6873
第二	海角（promontory）	0.0736
第三	山谷（valley）	0.0717

前三個類別看起來還算合理，排名第一的是高山帳篷，非常符合（**編註：** 圖片右側的深藍色三角形即為帳篷）。

表 10.2 是將對抗性樣本（圖 10.2 中間圖）輸入 ResNet-50 所得到的預測結果，雖然前三名還是戶外景物，但高山帳篷跌出榜外，而且多了圖中沒有的吊橋。

表 10.2：對抗性樣本的預測結果

順序	類別	屬於該類的機率
第一	火山（volcano）	0.5914
第二	吊橋（suspension_bridge）	0.1685
第三	山谷（valley）	0.0869

我們只在圖中摻了很小的雜訊，並讓這些雜訊散佈在每個角落（**編註：** 就是將圖中 99.8% 的 RGB 值 (0~255，已轉為浮點數) 都加或減 0.255），就讓預測結果完全走樣。

令人驚訝的是，建立這種樣本只要幾行程式碼就夠了。有一種名為 **foolbox** 的神奇函式庫，裡頭提供了多種方便的工具，接著我們就用它示範如何輕鬆建立對抗性樣本。事不宜遲，趕快來看看吧！先從匯入模組這個例行公事開始，記得加上 foolbox 這個專門用來做對抗式攻擊的函式庫。

★ 小編補充 由於程式需要安裝 foolbox 套件，並下載 2 張圖片及 1 個 csv 檔，建議直接點選作者 Github 中的 Colab 筆記本連結（操作方法參見本書最前面的**關於本書**單元），即可很方便地在 Colab 中執行。此 Colab 筆記本中已包含安裝 foolbox 套件及下載所需檔案的腳本指令，所以省去很多麻煩。不過由於新版的 foolbox 做了許多改變，導致書中程式無法順利執行，因此建議改為安裝舊版的 foolbox 1.8.0 版，並關閉 Tensorflow 的 EagerExcution 功能，即可避免許多錯誤狀況發生。需加入的程式碼如下面第 2、3、4 行的粗體字部份：

```
# install foolbox because it is not native to Colab
!pip install foolbox==1.8.0   ← 指定要安裝 1.8.0 版

import tensorflow as tf
tf.compat.v1.disable_eager_execution()  ← 關閉 Tensorflow
                                            的 EagerExcution

...(略)

# 用 wget 指令下載 2 個圖檔及 1 個 CSV 檔
!wget https://github.com/GANs-in-Action/gans-in-action/raw/
Chapter-10/chapter-10/DSC_0897.jpg
!wget https://github.com/GANs-in-Action/gans-in-action/raw/
Chapter-10/chapter-10/DSC_0896.jpg
!wget https://raw.githubusercontent.com/GANs-in-Action/gans-in-
action/master/chapter-10/initialization_vals_for_noise.csv
```

改好之後，小編在 Colab 中以 Keras 2.4.3、TensorFlow 2.3.0、Python3.6.9 可以正常執行。若讀者要在自己的電腦中執行，則請依上面程式自行安裝套件並下載所需的 2 個圖檔及 1 個 CSV 檔（不過第 2 個圖檔 DSC_0896.jpg 在程式中未用到，可以不用下載）。

註： 若讀者想進一步研究 foolbox，可連到 https://pypi.org/project/foolbox/ 查看相關資訊，或參考 https://foolbox.readthedocs.io/ 的說明文件。

程式 10.1　匯入模組

```
import numpy as np
from keras.applications.resnet50 import ResNet50
from foolbox.criteria import Misclassification, ConfidentMisclassification
from keras.preprocessing import image as img
from keras.applications.resnet50 import preprocess_input, decode_predictions
import matplotlib.pyplot as plt
import foolbox
import pprint as pp
Import keras
%matplotlib inline
```

接著，定義輔助函式，以方便載入影像。

程式 10.2　輔助函式

```
def load_image(img_path: str):
    image = img.load_img(img_path, target_size=(224, 224))
    plt.imshow(image)
    x = img.img_to_array(image)
    return x

image = load_image('DSC_0897.jpg')
```

★ **小編補充**　在函式的參數名稱之後可加「: 參數註解」做為對參數的註解，例如上面的「img_path: str」，str 即為註解。此註解在執行時會被忽略。

再來是用 Keras 內建的輔助函式下載 ResNet-50 模型，然後進行前面表 10.1 與 10.2 的相關測試。

程式 10.3 可跑出表 10.1 與 10.2 結果的程式

```
keras.backend.set_learning_phase(0) ◄── 實例化模型
kmodel = ResNet50(weights='imagenet') ◄──────── 編註: 建立 ResNet50 模
preprocessing = (np.array([104, 116, 123]), 1)        型,並載入預先用 ImageNet
                                                      圖庫所訓練好的參數
fmodel = foolbox.models.KerasModel(kmodel, bounds=(0, 255),
                            preprocessing=preprocessing) ◄─┐
                                                           │
                           利用 Keras 模型建立 foolbox 模型物件

to_classify = np.expand_dims(image, axis=0) ◄─┐
                將影像維度擴展為 (1,224,224,3),以符合 ResNet-50
                的輸入維度 ( 編註: 第 0 軸為批次量)

preds = kmodel.predict(to_classify) ◄── 用 ResNet50 進行預測
print('Predicted:', pp.pprint(decode_predictions(preds, top=20)[0])) ◄─┐
label = np.argmax(preds) ◄── 取得排名最高的標籤類            │
                            別索引值,之後會用到        印出預測機率
                                                    的前 20 名

image = image[:, :, ::-1] ◄── ::-1 是要將顏色通道順序反過來,因為 Keras
                              的 ResNet-50 是用 BGR,而非 RGB
attack = foolbox.attacks.FGSM(fmodel, threshold=.9,
            criterion=ConfidentMisclassification(.9)) ─┐
                                                        │
                           生成對抗式物件,設置較高的分類錯誤標準
adversarial = attack(image, label) ◄── 用原始影像生成對抗性樣本

new_preds = kmodel.predict(np.expand_dims(adversarial, axis=0)) ◄─┐
                                                                  │
                           將對抗性樣本送入 ResNet50 進行預測
print('Predicted:', pp.pprint(decode_predictions(new_preds, top=20)[0]))
```

★ **小編補充** 以上程式的倒數第 5 行 (image = image[:, :, ::-1]) 應該上移到倒數第 9 行 (to_classify = np.expand_dims...) 之前才對,因為倒數第 9 行已在預處理影像了。不過修正後的第一名類別仍相同,底下分別是原圖與對抗性樣本在修正後的前 20 名預測機率排行:

```
[('n03792972', 'mountain_tent', 0.6820421),
 ('n04366367', 'suspension_bridge', 0.21611379),
 ('n09472597', 'volcano', 0.03420999),
 ('n09468604', 'valley', 0.031116424),
 ('n09193705', 'alp', 0.013970018),
 ('n09246464', 'cliff', 0.0068584606),
 ('n04346328', 'stupa', 0.0034057463),
 ('n03788365', 'mosquito_net', 0.0013602299),
 ('n09332890', 'lakeside', 0.0011390296),
 ('n09399592', 'promontory', 0.0011204237),
 ('n03160309', 'dam', 0.00089068717),
 ('n04613696', 'yurt', 0.0008398778),
 ('n02965783', 'car_mirror', 0.0008326654),
 ('n02104365', 'schipperke', 0.0006428449),
 ('n04275548', 'spider_web', 0.00063876744),
 ('n02667093', 'abaya', 0.00040406053),
 ('n03891251', 'park_bench', 0.00038105465),
 ('n02951358', 'canoe', 0.00037452494),
 ('n03000134', 'chainlink_fence', 0.00017683033),
 ('n04235860', 'sleeping_bag', 0.00016871143)]
```

原圖的前 20 名
機率排行

```
[('n09472597', 'volcano', 0.3759284),
 ('n04366367', 'suspension_bridge', 0.25996104),
 ('n03792972', 'mountain_tent', 0.23288804),
 ('n09468604', 'valley', 0.06491593),
 ('n09193705', 'alp', 0.022168178),
 ('n09246464', 'cliff', 0.017045109),
 ('n04346328', 'stupa', 0.006386152),
 ('n09399592', 'promontory', 0.003824968),
 ('n09332890', 'lakeside', 0.0026061363),
 ('n03788365', 'mosquito_net', 0.0012869108),
 ('n03160309', 'dam', 0.0012193061),
 ('n04275548', 'spider_web', 0.0012022184),
 ('n04613696', 'yurt', 0.0010377666),
 ('n02965783', 'car_mirror', 0.0009791721),
 ('n02104365', 'schipperke', 0.0007776806),
 ('n02667093', 'abaya', 0.00066118577),
 ('n03891251', 'park_bench', 0.0006129747),
 ('n09428293', 'seashore', 0.00060817343),
 ('n03000134', 'chainlink_fence', 0.0004013895),
 ('n02951358', 'canoe', 0.00033857668)]
```

對抗性樣本的前
20 名機率排行

使用對抗性樣本就是這麼容易！你也許會認為這是 ResNet-50 模型太遜，才會被這些樣本要得團團轉。告訴你一個殘酷的事實，我們有改用不同的分類器來測試這個範例程式，ResNet 算是其中最難破解的！此外，ResNet 在 DAWNBench 中，只要是 ImageNet 的分類任務（這是 DAWNBench 的 CV 項目中最具挑戰性的任務）都沒有輸過，參考圖 10.3[註6]。

對抗性樣本最大的威脅，在於它們的普遍性（可用在各種地方）。不只是深度學習會中招，其他機器學習技術也有可能遭殃。若某個對抗性樣本能擊垮某種模型，那用它來攻擊其他模型，應該也有一定的成功機率，參考圖 10.4。

Image Classification on ImageNet

Training Time §

All Submissions

Objective: Time taken to train an image classification model to a top-5 validation accuracy of 93% or greater on ImageNet.

Rank	Time to 93% Accuracy	Model	Hardware	Framework
1 Dec 2018	0:09:22	ResNet-50 *ModelArts Service of Huawei Cloud* source	16 * 8 * Tesla-V100(ModelArts Service)	Huawei Optimized MXNet
2 Nov 2018	0:10:28	ResNet-50 *ModelArts Service of Huawei Cloud* source	16 nodes with RDMA (8*V100 for each node)	TensorFlow v1.8.0
3 Sep 2018	0:18:06	ResNet-50 *fast.ai/DIUx (Yaroslav Bulatov, Andrew Shaw, Jeremy Howard)* source	16 p3.16xlarge (AWS)	PyTorch 0.4.1

圖 10.3：要知道哪個模型才是當前主流，上 DAWNBench 看就對了。在 2019 年 7 月初，ResNet-50 依然穩居榜首（編註： 在 2020 年 8 月查看也還一樣是榜首）。

註6：參見："Image Classification on ImageNet," at DAWNBench, https://dawn.cs.stanford.edu/benchmark/#imagenet。

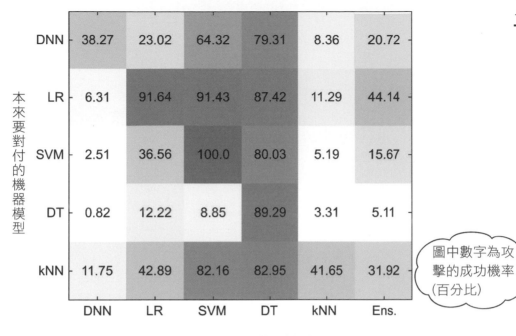

本
來
要
對
付
的
機
器
模
型

改用來對付的機器模型

圖 10.4：針對某種分類器（**編註：** 縱軸左邊列出的分類器）打造的對抗性樣本，也許能用來攻擊另一種分類器（**編註：** 橫軸下方列出的分類器），圖中的數字便是攻擊成功機率（百分比）。這裡納入的模型有深度神經網絡（DNN）、邏輯回歸（logistic regression，LR）、支援向量機（supportvector machine，SVM）、決策樹（decision trees，DT）、kNN（nearest neighbors）、集成模型（ensembles，Ens.）。

（來源："Transferability in Machine Learning: from Phenomena to Black-Box Attacks Using Adversarial Samples," by Nicolas Papernot et al., 2016, https://arxiv.org/pdf/1605.07277.pdf。）

10.4 樣本中的訊號與雜訊

　　更糟糕的是，對抗性樣本製造起來很容易，用 np.random.normal 隨便產生一些高斯雜訊（Gaussian noise）摻進樣本裡，就能輕鬆騙過分類器了。另一方面，為了證明前面提到的「ResNet-50 架構已經算相當強健了」，我們會用證據告訴你，其他架構跟它比起來更不堪一擊。

　　圖 10.6（見下一頁）秀出了使用不同高斯雜訊攻擊 ResNet-50 的結果（ **編註:** 這裡是直接把雜訊當成圖片來攻擊，雜訊的外觀如圖中的每一小格）。當然，我們也可以改成在影像中摻雜不同分佈的雜訊，來測試分類器被對抗性樣本誤導的程度（這做起來其實也很容易）。

　　圖 10.5 則是**投射梯度下降法**（projected gradient descent，PGD）攻擊的示意圖，步驟可參考後面的程式 10.4。雖然這種攻擊手法一樣很簡單，但還是得稍加說明其基本原理。前面公式 10.4 的調整方向其實不一定管用（調整到的說不定是「無關緊要」的部份），但 PGD 可以將它投射到比較可行的地方。接著就用高斯雜訊搭配 PGD 來攻擊 ResNet-50，看看結果如何（見圖 10.7）。

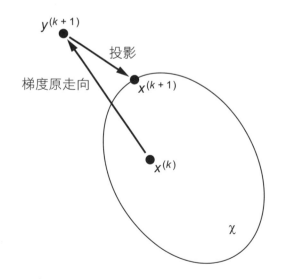

圖 **10.5**：無論下一步朝哪走，PGD 都會利用投影找到最近的等效點，有效率地找到攻擊方向。這裡先以 $x^{(k)}$ 為樣本（用公式 10.4）算出結果 $y^{(k+1)}$，再將它投影到一組有效的 $x^{(k+1)}$。

編註： 每一橫列的 10 組雜訊，都是用左側標示的平均值與標準差隨機產生，並將雜訊當成灰階圖片顯示出來

編註： 預測的結果（最可能的類別與信心度）

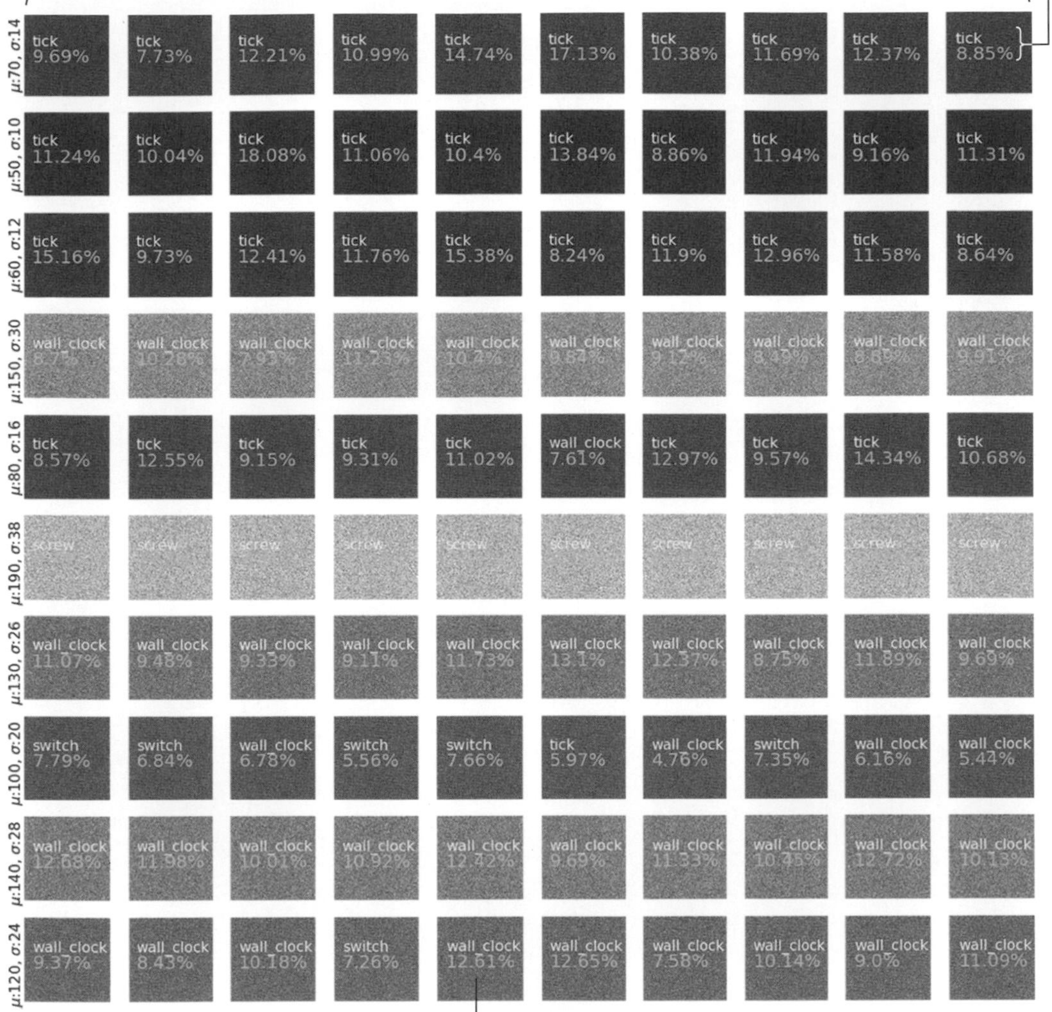

編註： 圖中的信心度百分比大都很低，表示不確定是哪一類。反之，如果很高就表示誤判了

圖 10.6：顯然，光靠純粹的雜訊通常沒辦法完全誤導分類器，這就是 ResNet-50 的優勢所在。我們在左邊列出了每種雜訊所使用的**平均值**與**標準差**，以方便讀者比較。

編註： 彩色圖片可連網到本書專頁觀看。

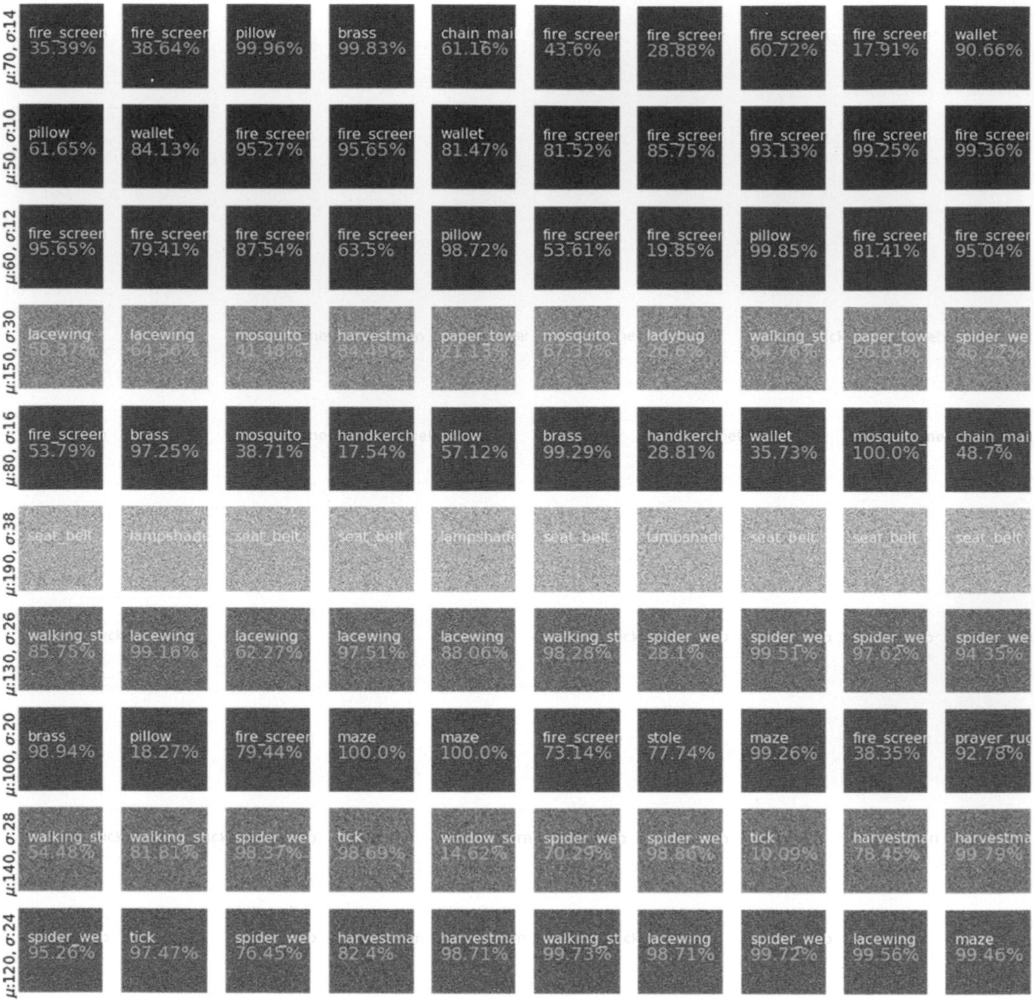

圖 10.7：對抗式雜訊在 PGD 助攻下，局勢完全扭轉：ResNet-50 把大部份的雜訊都分類錯了（**編註：** 信心度很高的格子就表示已將雜訊誤判為某個類別了，例如最上一排的雜訊，在上頁的信心度都只有 7%~17%，到了本頁則大多在 30% 以上，甚至有 2 張在 99% 以上），這還只是簡單的牛刀小試而已。

編註： 彩色圖片可連網到本書專頁觀看。

為了證明其他架構更糟，我們現在改用 Inception V3（CV 界的主流架構）試試看。這個神經網路是公認的可靠，我們在第 5 章有特別著墨。你從圖 10.8 可以看到結果更慘，Inception V3 到目前為止仍是最好的預訓練神經網路，準確度比真人還高，這下你沒話說了吧？

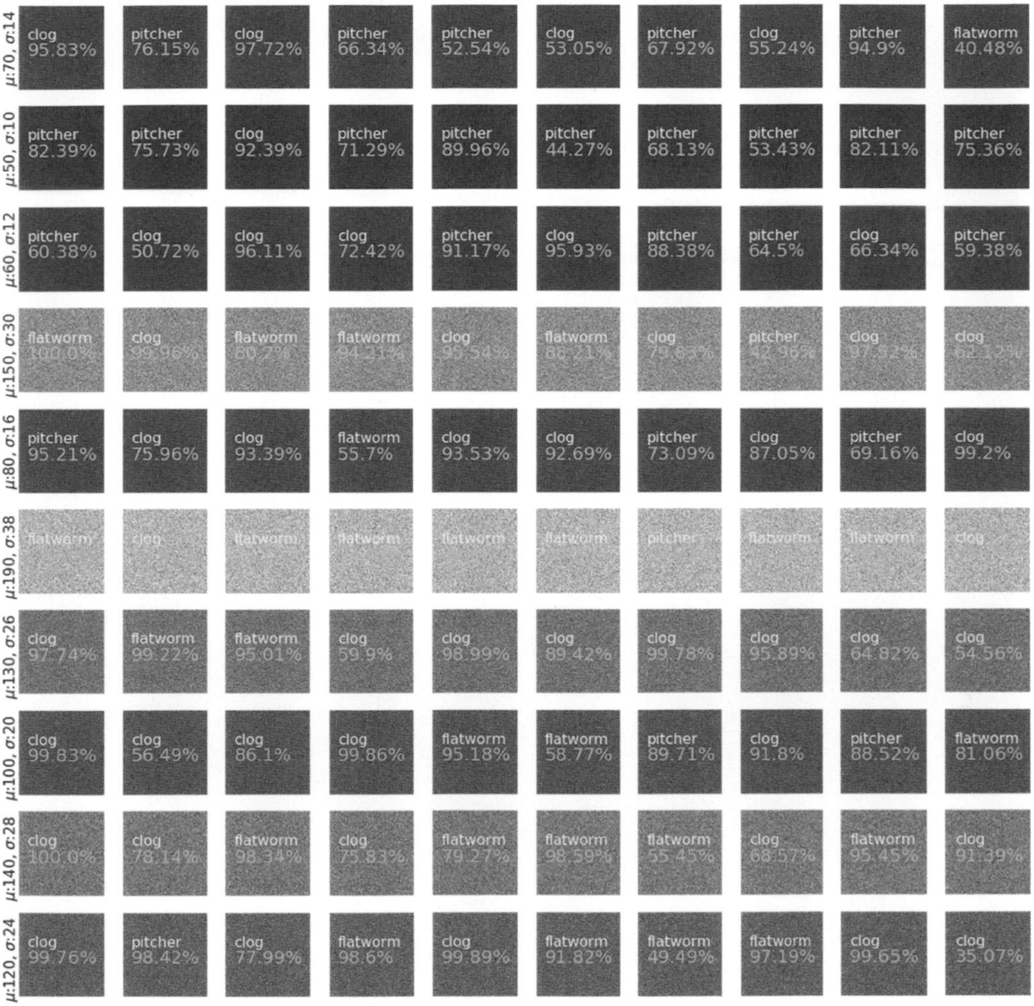

圖 10.8：用高斯雜訊攻擊 Inception V3。這些雜訊是直接用高斯分佈產生，並未牽涉其他攻擊用演算法（**編註：** 所以要和同樣用高斯雜訊攻擊的圖 10.6 比較，例如最上一排的雜訊，圖 10.6 中的信心度都只有 7%~17%，這裡則都在 40% 以上，且有 3 張在 94% 以上）。

編註： 彩色圖片可連網到本書專頁觀看。

如果你堅持眼見為憑（其實我們也是），我們就給你看生成這些圖的程式長什麼樣子。由於 3 支程式的內容都很相似，我們就只列出第一支程式：

```
1 max_vals = pd.read_csv('initialization_vals_for_noise.csv')
2 max_vals
```

	Unnamed: 0	sigma	mu	max
0	0	14	70	0.137763
1	1	10	50	0.127594
2	2	12	60	0.110763
3	3	30	150	0.105728
4	4	16	80	0.093937
5	5	38	190	0.080269
6	6	26	130	0.080119
7	7	20	100	0.072357
8	8	28	140	0.066605
9	9	24	120	0.066200
10	10	36	180	0.064560
11	11	32	160	0.063797
12	12	22	110	0.060163
13	13	18	90	0.056903
14	14	34	170	0.050069

> 雖然有 15 組平均值和標準差，但程式只會用到前 10 組

程式 10.4 產生高斯雜訊做測試

```
fig = plt.figure(figsize=(20,20))
sigma_list = list(max_vals.sigma)        ── 設定平均值和標準差的 list
mu_list = list(max_vals.mu)
conf_list = []

def make_subplot(x, y, z, new_row=False):  ◀── 產生圖 10.8 的核心函式
    rand_noise = np.random.normal(loc=mu, scale=sigma,
                                  size=(224,224, 3)) ◀
                                        ── 根據平均值與標準差採樣雜訊
    rand_noise = np.clip(rand_noise, 0, 255.)  ◀── 像素值只能介於 0-255

    noise_preds = kmodel.predict(np.expand_dims(rand_noise, axis=0))
                                        ┃
                                        └─ 用雜訊做預測

    prediction, num = decode_predictions(noise_preds,
                                top=20)[0][0][1:3] ◀
                                        ── 取得預測出的類別和信心度

    num = round(num * 100, 2)
    conf_list.append(num)
    ax = fig.add_subplot(x,y,z)  ◀── 建立子圖表      這幾行是為子圖表
    ax.annotate(prediction, xy=(0.1, 0.6),  ◀── 加上註釋文字
                xycoords=ax.transAxes, fontsize=16, color='yellow')
    ax.annotate(f'{num}%', xy=(0.1, 0.4),
                xycoords=ax.transAxes, fontsize=20, color='orange')
    if new_row:  ◀── 編註：如果換行了, 就在最左邊顯示平均值與標準差
        ax.annotate(f'$\mu$:{mu}, $\sigma$:{sigma}',
                    xy=(-.2, 0.8), xycoords=ax.transAxes,
                    rotation=90, fontsize=16, color='black')

    ax.imshow(rand_noise / 255)  ◀── 將 [0, 255] 除以 255，變成 [0, 1]
    ax.axis('off')

for i in range(1,101):  ◀── 其實這個 for loop 才是本體, 一口氣把所有圖都放進去跑
    if (i-1) % 10==0:  ◀── 編註：每跑 10 次, 就換一組新的平均值和標準差
        mu = mu_list.pop(0)
        sigma = sigma_list.pop(0)
        make_subplot(10,10, i, new_row=True)
    else:
        make_subplot(10,10, i)

plt.show()
```

10.5 還不到絕望的時候

現在有些人開始擔心對抗性樣本所造成的威脅，然而，防範的關鍵還是要先對攻擊者的手段有正確認識。如果攻擊者可以稍微調整每個像素，那他幹嘛不改掉整張圖 [註7]？直接輸入一張完全不同的圖不就好了？為何一定得偷偷（而不是光明正大地）對樣本動手腳？

再舉一個「刻意污損停車標誌使自駕車無法正確辨識」的例子，攻擊者既然能污損停車標誌，那為何不直接整個塗掉，或者用一個禁止停車的標誌擋在它前面呢？其實是因為對抗性樣本與「傳統攻擊」不同，後者一出招就直接起作用，而前者必須先通過一些關卡，例如操作人員的檢查、預處理程序的篩選／轉換等，然後才能生效。

但這不代表重要的機器學習程式能忽略這個漏洞，因為還是有被攻擊的可能。不過話說回來，跟常見的攻擊手法比起來，對抗式攻擊需要耗費更多精力才能得手，這點也是值得注意的。

不過跟大多數安全性問題一樣，**對抗式攻擊**也有相應的**對抗式防禦**，可以阻絕多種類型的對抗式攻擊。本章介紹的攻擊手法都相對容易，不過還有更簡單的：像是在 MNIST 樣本上畫一條直線，這種等級的技倆其實就能讓大多數分類器誤判。

對抗式防禦是個無止境的比賽，雖說能有效防禦某些類型的攻擊，但一山還有一山高。ICLR 2018 在論文上傳截止日前收到 8 篇與防禦措施有關的論文計劃書，不過其中 7 篇的方法在 3 天後就被破解了 [註8]。

註7：參見："Motivating the Rules of the Game for Adversarial Example Research," by Justin Gilmer et al., 2018, http://arxiv.org/abs/1807.06732。

註8：學習表示法國際會議（International Conference on Learning Representations，ICLR）是規模較小但頂尖的機器學習會議之一。請看 Anish Athalye 於 2018 年發佈的 Twitter，http://mng.bz/ad77。

　　要釐清對抗性樣本與 GAN 的關係，可以把對抗式防禦的攻、防情況想成：一個系統專門合成對抗性樣本，而另一個系統負責判斷樣本的好壞（如果能力不夠就可能被騙過去）。這不就是生成器（合成對抗性樣本）和鑑別器（分類演算法）的對抗關係嗎？它們也是兩種演算法互相競爭：生成器企圖用輕微的影像干擾來騙過分類器，而分類器不想被矇騙。的確，其實 GAN 本身就是一個不斷嘗試生成「對抗性樣本」的機器學習模型，最後終於生出能騙過鑑別器（分類器）的影像。

　　因此從另一個角度來看，也可以將重複的對抗式訓練看成是一種 GAN 訓練，只是所要生成的不是擬真樣本，而是能騙過分類器的樣本。不過這二者之間還是有一些差別，其中最明顯的就是在一般系統裡的分類器都已固定（不會再做訓練）了。但這並不妨礙對抗式訓練向 GAN 學習，目前有些程式甚至還會用它所生成的對抗性樣本去重新訓練分類器。因此這些技術和 GAN 已經越來越接近了。

　　接著來看一個對抗性樣本的防禦技術：**強固流形防禦**（Robust Manifold Defense），這在當前的防禦策略中佔有一席之地，它採取了以下步驟來進行防禦 **註9**：

1 取一影像 x（對抗性樣本或一般樣本），然後：

a. 將它投影到潛在空間 z。

b. 用生成器 G 合成出與 x 相似的樣本：$G(z)=x^*$。

2 用分類器 C 來分類合成樣本：$C(x^*)$，其結果與直接用 x 做分類相比，被對抗性樣本騙過的狀況會少很多。（**編註：**這裡的分類器 C 是有經過「特殊對抗式訓練」的分類器，也就是先在上面 1a 項的每個 z 附近取樣一批向量 z_s，然後用 $G(z_s)$ 生成一批 x^*，再用這批 x^* 來訓練分類器。）

註9：參見："The Robust Manifold Defense: Adversarial Training Using Generative Models," by Ajil Jalal et al., 2019, https://arxiv.org/pdf/1712.09196.pdf。

然而，提出這種防禦手法的作者發現，這仍然存在一些模棱兩可的情況，分類器還是會被少數的對抗性樣本所欺騙。我們鼓勵你去閱讀他們的論文，雖然這些防禦技術還沒研究得很清楚，但或許未來可利用它們建立最強固的模型。為了加強模型的防禦力，我們可再針對流形做對抗訓練：在訓練集中放入一些對抗性樣本，以便讓分類器從中學習如何將它們跟真實資料區分開。

此論文展示了如何用 GAN 來加強分類器的防禦能力，就算使用最複雜手法所製作的對抗性樣本，分類器也能大致應付。不過由於分類器必須暗中防禦四面八方來的的對抗性樣本，**效能會因此而下降**，這是大多數防禦措施的通病。而且即使犧牲了效能，也並不代表就能防得了所有的招數。

此外，對抗式訓練還有一些有趣的應用，例如，對抗式訓練曾有一段時間在半監督式學習中頗為風光 [註10]，雖然它很快就被 GAN（還記得第 7 章嗎？）等技術搶去了鋒頭，但當你閱讀本章時，說不定它又重返榮耀了。

希望這些可以成為你深入研究 GAN 與對抗性樣本的動力，在某些極重要的分類任務中，GAN 可能是最好的防禦手段，至於各種防禦細節已經超出本書範圍 [註11]，或許可留到下一本書「Adversarial Examples in Action」再為您介紹（ 編註： 本書的書名為「GANs in Action」，這應該是作者的冷笑話，用來表達對抗性樣本的相關內容足以寫一本書來介紹）。

綜上所述，我們解釋了對抗性樣本的概念，並更具體地把它跟 GAN 聯繫在一起。這種聯繫雖然尚未被廣泛探討，但可用來加強我們對此高難度主題的理解。應付對抗性樣本最強大的防禦措施，其實就是 GAN [註12]！各種對抗式攻擊的手法是因兩者（ 編註： 生成器與鑑別器或分類器）的差距而生，而能夠縮短這種差距的，也只有 GAN 自己了。

註10：參見：‟Virtual Adversarial Training: A Regularization Method for Supervised and Semi-Supervised Learning," by Takeru Miyato et al., 2018, https://arxiv.org/pdf/1704.03976.pdf.

註11：這個話題在 ICLR2019 上引起熱烈討論。根據大部份非正式的討論內容，用（偽）可逆生成模型（(pseudo) invertible generative model）來分類「樣本外」的影像似乎是個很管用的方法。

註12：參見：Jalal et al., 2019,https://arxiv.org/pdf/1712.09196.pdf。

10.7 結語

對抗性樣本是很重要的領域，目前許多商用電腦視覺軟體因為它吃了不少苦頭，到現在還是很容易被學者專家製造的樣本所愚弄 **註13**。它對於相關軟體的影響，除了安全性與機器學習辨識力之外，還包括軟體的公平性、強固性等議題。

此外，要加強對深度學習與 GAN 的理解，研究對抗性樣本也是絕佳途徑。由於分類器訓練起來不容易，卻很容易被某些特例所愚弄，因此對抗性樣本才有鑽漏洞的空間。由於分類器必須辨識各式各樣的影像，因此在辨識時會保有相當大的彈性，有時只要稍微變動一下資料的內容，就剛好可以讓分類器誤判。這就是為什麼我們可以用對抗式雜訊在圖片上稍微動點手腳，表面看起來一切如常，但分類結果卻完全不一樣。

對抗性樣本普遍存在於 AI 的各個領域，而不只限於深度學習或電腦視覺方面。程式碼你也看過了，要生成一批樣本騙過分類器並不困難。至於要怎麼對付現有的對抗式攻擊手段，目前最好的方法還是利用 GAN，不過離完全防禦還有一段很長的路要走。

註13：參見："Black-Box Adversarial Attacks with Limited Queries and Information, by Andrew Ilyas et al., 2018, https://arxiv.org/abs/1804.08598。

重點整理

- 對抗性樣本是靠「鑽高維度參數空間的漏洞」才能出頭，它是機器學習中的重要課題，因為我們可以從中了解 GAN 的整個作用，以及為何某些分類器容易被破解。

- 我們可將雜訊摻入真實影像，輕鬆合成出對抗性樣本。

- 某些特殊的攻擊向量可以當作對抗性樣本來使用。

- 對抗性樣本涉及機器學習的安全性與公平性，而 GAN 則是防禦它們的好方法。

chapter **11**

GAN
的實際應用

GAN 除了能生成手寫數字、把蘋果變柳丁之外，當然還有很多用途。本章會探討一些 GAN 的實際應用，並且會將重點放在已經真正成功使用的領域。畢竟本書的主要目標，是提供必要的知識與工具，讓讀者不僅了解 GAN 的成就，也能以自身之力開創新的應用。直接看幾個成功的案例，應該是開創新應用最好的起步。

前幾章已經看過幾個 GAN 的創新用途：第 6 章提到的**漸進式 GAN**，不僅能生成超擬真人像，還能合成醫學乳房 X 光照片等訓練樣本；第 9 章的 **CycleGAN** 可以將電腦遊戲的場景轉換成電影般的擬真場景，並用它來訓練自駕車。

本章將詳細介紹一些 GAN 的實際應用，我們將逐步探討促使這些應用發展的因素，以及 GAN 在這些應用中的獨特性。我們會特別聚焦在**醫學**和**時尚**領域，之所以挑這兩個領域，是因為它們符合以下條件：

● 能同時展示 GAN 的學術與商業價值。這些應用的出現，代表 GAN 的學術研究成果能實際解決現實世界中的問題。

● 這些 GAN 模型很容易理解。與其一直學習新的 GAN 模型，還不如實際看看之前學過的模型如何應用在生活與工作之中。

● 不需要特定領域的專業知識。像是物理、化學方面的應用，對於缺乏相關背景的人來說就很難理解。

我們希望用這兩個領域的案例來展示 GAN 的**多功能性**。在醫學方面，我們展示了 GAN 在「訓練樣本不足」的問題上如何發揮作用。至於時尚界則是另一個極端，資料跟海邊的沙子一樣多，而 GAN 同樣能從沙子裡淘金。即使你對醫學或時尚都不感興趣，本章介紹的工具和方法也都能適用於許多其他的應用。

遺憾的是，礙於所有權等問題，相關的訓練資料極難取得，所以無法用程式實際示範這些應用。我們只能對 GAN 模型與其背後的實作提供詳盡解說，而無法像前面幾章那樣實際寫個程式跑看看。不過讀完本章後，你應該有足夠能力來實作這裡提到的應用程式，只要稍微修改之前做過的 GAN 模型，然後把相關資料集輸入進去就好了。

接著我們就開始吧！

11.1 GAN 在醫學方面的應用

本節我們將探討如何利用 GAN 生成資料來**擴增訓練資料集**，以提高醫療診斷模型的準確率。

■ 11.1.1 用 GAN 提高診斷準確率

在醫學界，機器學習要克服的困難很多，因此 GAN 可派上用場的地方也不少。其中最大的困難應該就是無法蒐集足量的資料，因為監督式機器學習必須仰賴大量的訓練資料才能學的好 [註1]。一般來說，符合條件的臨床資料成本都很高，取得也很困難。

一般的手寫數字、字母圖片或自駕車用的道路影片，這些資料上網就找得到；但臨床資料卻很難取得，且需要特殊設備才能收集，更不用說還得考慮患者隱私等「限制樣本收集與使用」的因素。

臨床資料除了取得困難，如何正確標記也是個難題，這方面通常需要由特定疾病的專家親力親為 [註2]。所以，即使深度學習與 AI 技術進展飛快，仍然無法惠及多數醫療應用。

現在已有許多技術可以解決標記資料不足的問題。第 7 章曾提過，GAN 的**半監督式訓練**可用來增強分類演算法的性能。訓練資料集裡只要有一小部份是標記資料，就能靠 SGAN 達成很好的準確率。不過，問題只解決了一半，雖說半監督式學習對標記資料的需求不高，但一樣需要**大量的「無標記」資料**，才能完成訓練。而對於大部分醫學應用來說，取得標記資料只是問題的開頭；最大的問題是，我們也就只有這些標記資料可用！換句話說，我們並沒有大量額外的樣本在等著標記，或是可提供給半監督式學習使用。

註1：參見："Synthetic Data Augmentation Using GAN for Improved Liver Lesion Classification," by Maayan FridAdar et al., 2018, http://mng.bz/rPBg。

註2：同註1。

關於資料不足的問題，通常可用「**擴增資料量**」的技術來克服。在影像方面，可用一些影像縮放、平移、旋轉等方法將資料轉成不同的影像 **註3**。靠這種技巧可以把一個樣本增殖成好幾個，進而擴增資料集。圖 11.1 展示了如何運用這種技巧來擴增訓練資料集。

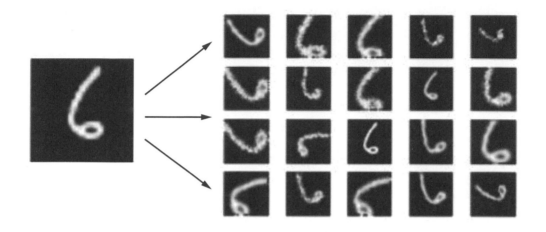

圖 11.1：將現有資料稍微修改以擴增資料集的方法：包括縮放、平移或旋轉。雖說資料量因此增加，但這種傳統的資料擴增方法所能增加的「資料多樣性」很有限。
（來源："Data Augmentation: How to Use Deep Learning When You Have Limited Data," by Bharath Raj, 2018, http://mng.bz/dxPD。）

不過這種資料擴增技巧其實有很多限制。首先，用這種技巧增殖出的樣本差別不大，能增加的**多樣性**很有限，所以無助於提升機器學習的**普適性 註4**（**編註：** 就是普遍適用於未見過的新資料）。以手寫數字為例，我們想合成各種不同筆跡的「6」，而不是特定幾種筆跡的排列組合。

註3：同註1。

註4：同註1。

就醫學診斷而言，我們需要為同樣的病理診斷準備不同的樣本。跟傳統的擴增資料技巧相比，用 GAN 合成的擴增資料效果更好。以色列研究小組 Maayan Frid-Adar、Eyal Klang、Michal Amitai、Jacob Goldberger 和 Hayit Greenspan 等人的研究結果可為佐證。

由於 GAN 幾乎能合成出所有類型的高畫質影像，於是 Frid-Adar 等人決定嘗試用它來擴增醫學資料，他們選擇從改進肝臟病變診斷下手。之所以先把焦點放在肝臟，主要是因為肝臟是癌症轉移最常見的器官，光是 2012 年就有高達 745,000 多人死於肝癌 註5。若能得到機器學習模型的幫助，醫生可以更有效地提早診斷出高風險病患，進而改善無數患者的預後，挽救更多生命。

▌11.1.2　擴增訓練樣本的方法

但此時 Frid-Adar 與其研究小組被「**第 22 條軍規**」（catch-22 situation，**編註：**此為一個邏輯悖論，描述彼此矛盾的兩個規定所引起的悖論情形，例如要先有 A 才能有 B，但要有 A 卻又必須先有 B...）所困：他們想用 GAN 來將小型資料集擴增為大型資料集，但 GAN 本身卻必須仰賴大量資料來訓練。換句話說，他們想用 GAN 來建立一個大型資料集，但前提是他們得先找到一個大型資料集來訓練 GAN。

解決方法很妙，他們先用標準的**資料擴增**技巧來建立更大的資料集，接著用這個資料集訓練 GAN。完成之後，再用第一步的擴增資料集，加上第二步 GAN 所合成的大量樣本，來訓練肝臟病變分類器。

Frid-Adar 等人採用的 GAN 模型是 DCGAN（見第 4 章）的變體；將 DCGAN 稍微調整後就能用來擴增資料，從這裡可看出 GAN 在各種應用上的通用性。模型中唯一要調整的是各神經層的維度，包括隱藏層、生成器的輸出、鑑別器的輸入等，如圖 11.2 所示。

註5：參見："Cancer Incidence and Mortality Worldwide: Sources, Methods, and Major Patterns in GLOBOCAN 2012," by J. Ferlay et al., 2015, International Journal of Cancer, https://www.ncbi.nlm.nih.gov/pubmed/25220842。

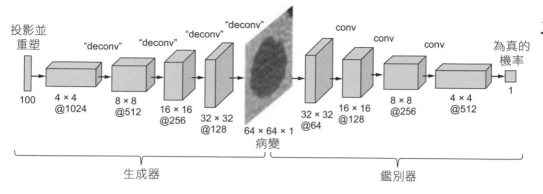

圖 11.2：Frid-Adar 等人採用 DCGAN 的架構來合成肝臟病變影像，進而擴增其資料集，以提高分類準確性。這個模型架構跟第 4 章實作的 DCGAN 很類似，GAN 在各種用途的高通用性可見一斑。(本圖只顯示 GAN 合成樣本的資料流。)(來源：Frid-Adar et al., 2018, http://mng.bz/rPBg)

　　這個 GAN 處理的影像大小為 64×64×1，而非 MNIST 資料集的 28×28×1。除了影像大小是取決於訓練資料外，其他的超參數都是經過反復試驗來取得。這些研究人員不斷調整參數，直到模型能夠生成令人滿意的影像為止。

　　這個模型其實並不複雜，要將 GAN 應用於現實世界中，通常只要讀完本書前 4 章就夠了，不信的話可以去看 Frid-Adar 等人於 2018 年國際生物醫學成像研討會（International Symposium on Biomedical Imaging）上發表的原文 **註 6**。至於這個方法的實際效果如何呢？底下即為您揭曉。

註6：參見：Frid-Adar et al., 2018,http://mng.bz/rPBg。

▋11.1.3　應用的成果

　　與傳統的「標準資料擴增技巧」相比，Frid-Adar 等人的「DCGAN 資料擴增技巧」確實能提高分類準確率 註7。詳細情形可參考圖 11.3，從圖中可看出分類準確率（y 軸）隨訓練樣本數（x 軸）所增加的幅度。

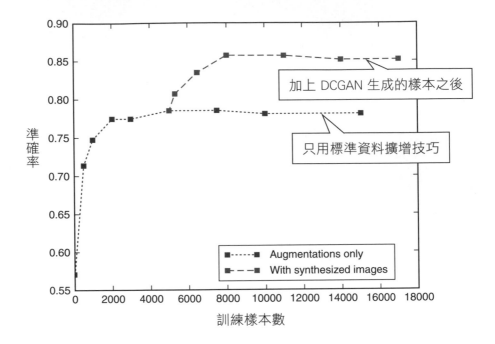

圖 11.3：本圖展示了用兩種擴增資料技巧（一是用標準資料擴增技巧所合成的樣本，另一則是用 DCGAN 生成的擴增樣本）對提升分類準確率的助益。使用標準資料擴增技巧（圓點虛線），分類準確率頂多達到 80%。用 GAN 生成的樣本（長虛線）則可將準確率提高到 85％ 以上。（來源：Frid-Adar et al., 2018, http://mng.bz/rPBg。）

　　標準資料擴增技巧所提高的分類準確率以圓點虛線顯示。雖然準確率會隨（新增的）訓練樣本數提高，但進步到 80% 左右就上不去了，不管怎麼擴增樣本都沒用。

註7：同註6。

　　長虛線則是用 GAN 合成樣本後額外提高的準確率。當標準資料擴增技巧的樣本再怎麼增加也無法提昇準確率時，Frid-Adar 等人開始把 DCGAN 生成的樣本加進去，接著分類準確率就從原有的 80% 逐漸提高到超過 85%，證明了 GAN 生成的樣本確實有用。

　　用 GAN 擴增資料來提升肝臟病變的辨識率，其實只是 GAN 在醫學上眾多應用的其中一個。任職於英國**倫敦帝國學院**（Imperial College London）的 Christopher Bowles 與其帶領的研究團隊還成功利用 GAN（第 6 章提過的 PGGAN）來提高腦部斷層診斷的準確率 ^{註 8}。通常模型的準確率必須提升到一定程度之後，才會考慮將之使用在現實中；醫學方面尤其講究準確率，有時差一點點就會決定生死！

　　接著我們換個方向，轉到另一個完全不同考量與挑戰的**時尚**領域，不過那邊的危險性低很多。

註8：參見："GAN Augmentation: Augmenting Training Data Using Generative Adversarial Networks," by Christopher Bowles et al., 2018, https://arxiv.org/abs/1810.10863。

11.2 GAN 在時尚方面的應用

時尚界的研究人員比醫學界要幸運很多，醫學界能取得的資料少的可憐，而時尚界的資料卻是多如繁星。從 Instagram 和 Pinterest 等網站上就可以找到無數的套裝和衣物照片，而像 Amazon 和 eBay 等零售業巨頭則掌握了數以百萬計的商品交易資料，從襪子到禮服都有。

除了數不完的資料以外，時尚界也有很多可讓 AI 發揮的空間。由於每個消費者的時尚品味都不一樣，若能按照個人喜好量身訂做內容，將會有無限的商機。此外，時尚趨勢的變化很快，對於品牌或零售商來說，能快速做出反應以配合客戶喜好變化是非常重要的。

接著我們就來探討一些 GAN 在時尚界的創新應用。

▌11.2.1 用 GAN「設計」時尚

從無人機宅配到無人商店，Amazon 因應未來世界的研發常常成為媒體焦點，在 2017 年也因 GAN 而上了新聞頭條，那時 Amazon 滿懷壯志，宣稱要用 GAN 製造出一個 AI 時尚設計師 [註9]。不過他們發表在《麻省理工學院技術評論》（MIT Technology Review）的文章，除了提到要用 GAN 來設計出有特定風格的產品外，並沒有說明太多實作細節。

還好 Adobe 與聖地牙哥加州大學（University of California, San Diego）的研究人員共同發表了一篇論文，實現了和 Amazon 相同的目標 [註10]。從這篇論文多少可以看出，企圖重塑時尚的 Amazon AI 研究室到底使用了哪些技術。論文作者 Wang-Cheng Kang 與其合作夥伴利用

註9： 參見：" Amazon Has Developed an AI Fashion Designer," by Will Knight, 2017, MIT Technology Review, http://mng.bz/VPqX。

註10： 參見："This AI Learns Your Fashion Sense and Invents Your Next Outfit," by Jackie Snow, 2017, MIT Technology Review, http://mng.bz/xlJ8。

Amazon 資料庫中幾十萬筆客戶、商品與評論資料,訓練出兩種不同的模型:一種可**推薦時尚**,另一種則能**創造時尚**[註11]。

關於第一種**推薦時尚**模型,並沒有什麼特別的地方,其功能大概就是:只要輸入某個顧客與某樣商品,就會輸出一個**偏好分數**,代表該顧客對此商品的喜好程度。

至於第二種**創造時尚**模型,就新穎有趣多了,不僅是因為它採用 GAN 來實作,而且 Kang 等人還發展出 2 種創新用途:

● **創造**出符合個人品味的時尚商品。

● 根據個人的時尚喜好,對現有商品進行**改良**。

底下就來探討 Kang 與其團隊如何實現這些目標。

11.2.2　把 CGAN 用到時尚領域

Kang 等人所使用的是 CGAN(條件式 GAN),並把商品類別當作條件標籤。他們將資料集的商品分成 6 類,分別是**男性**與**女性**的**上衣**、**褲裙**、**鞋子**。

我們在第 8 章曾用 MNIST 的標籤來訓練 CGAN,以生成指定數字的手寫數字圖片。Kang 等人則是用類別當標籤來訓練 CGAN,以生成指定類別的時尚商品。雖說現在要合成的不是數字圖片而是襯衫褲子,但所用的 CGAN 基本上跟第 8 章差不多。生成器一樣使用**隨機雜訊 z** 和**條件資訊(類別)**來合成影像,而鑑別器輸出的則是影像與該類別匹配的機率。Kang 等人採用的神經網路架構可參考圖 11.4。

註11: 參見:"Visually-Aware Fashion Recommendation and Design with Generative Image Models," by Wang-Cheng Kang et al., 2017, https://arxiv.org/abs/1711.02231。

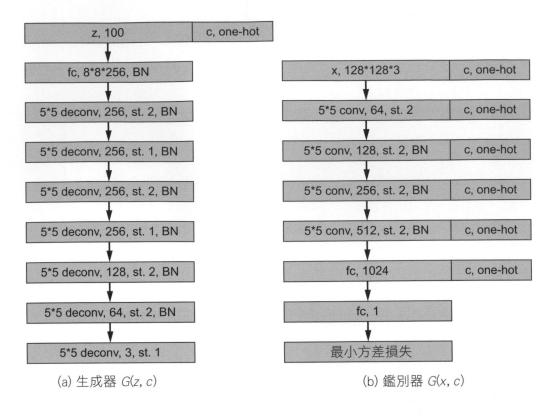

| (a) 生成器 $G(z, c)$ | (b) 鑑別器 $G(x, c)$ |

圖 11.4：Kang 等人採用的 CGAN 生成器與鑑別器架構。標籤 c 代表服裝類別，研究人員將它當作條件標籤，指導生成器合成出與指定類別匹配的影像，並用鑑別器判斷兩者是否匹配。

（來源：Kang et al., 2017, https://arxiv.org/abs/1711.02231。）

每個方框代表一個圖層：fc 是指全連接層（密集層），conv 代表一般卷積層，deconv 代表反卷積層，st 代表步長（stride），維度為寬＊高（分別以開頭的兩數字表示）。標在 conv 或 deconv 之後的數字則代表圖層的深度，也就是卷積濾鏡的數量。BN 表示該層的輸出有做批次正規化。另外，他們用**最小方差損失**（least squares loss）取代交叉熵損失。

Kang 等人利用分類好的服飾資料集，訓練出能依照類別生成擬真服飾的 CGAN，然後用它來測試 2 種可能帶來無窮商機的創舉：創造新的個性化服飾，與對現有服飾做個性化改良。

▌11.2.3 創造符合個人偏好的新商品

為了確保生成的商品能符合個人時尚品味，Kang 等人使用了一種巧妙的方法。他們最初的想法是：模型對現有商品的**偏好分數**，是基於個人對該商品的喜好程度，若所生成的商品能從某人那裡取得高分，就表示該商品非常符合那人的品味[註12]。

Kang 等人從經濟學與選擇理論借用了一個術語[註13]來形容這個方法：「**偏好最大化**」（preference maximization）。它的獨特之處在於，所能生成的樣本風格並不受限於訓練的服飾資料或整個 Amazon 的商品型錄，而且還可以對所生成樣本做非常多樣化的微調。

Kang 等人接著要解決的問題，是確保 CGAN 生成器所生成的商品能盡量滿足顧客偏好。不過他們當時的 CGAN 只能針對類別來生成擬真商品，而不能針對個人的偏好來生成。要怎麼做呢？有一種方法是不斷生成影像並逐個檢查其偏好分數，直到生出分數夠高的商品為止。然而，生成的影像千變萬化難以捉摸，這種作法非常沒有效率，往往會浪費很多的時間。

所以 Kang 等人就換一種角度思考：把它當成優化問題來解決。實際的做法是「約束」及「最大化」，也就是先將潛在空間的向量值**約束**在 -1 到 1 之間，然後在優化時盡量將生成圖片的偏好分數**最大化**。

在約束的部份，Kang 等人是使用標準的潛在空間維度（100 個元素的向量，初始值隨機產生），並把每個元素用 **tanh 函數**限制在 [-1, 1] 的範圍內（就是將向量 z 的每個元素都用 tanh 函數取代，由於這個函數可微分，其輸出既符合約束範圍，也方便優化演算法使用）[註14]。

註12：同註11。

註13：參見：“Introduction to Choice Theory," by Jonathan Levin and Paul Milgrom, 2004, http://mng.bz/AN2p。

註14：參見：Kang et al., 2017,https://arxiv.org/abs/1711.02231。

在最大化部份，研究人員採用**梯度上升法**（gradient ascent）。梯度上升法其實跟梯度下降法很像，都是在迭代時調整參數來改變損失函數的值，只不過後者是往最小化的方向調整，而前者則要往最大化的方向調整；而這裡的目標，就是將**推薦函數**（**編註：** 推薦模型所打的偏好分數）盡可能提高，所以必須改用梯度上升法。

Kang 等人針對 6 類商品，分別從資料集取出某一位消費者的購買記錄，然後找出他評價最高的前 3 名商品，再與生成器所生成的前 3 名（**編註：** 依偏好分數排名）商品放在一起比較，見圖 11.5。他們合成出的樣本得分（偏好分數）明顯比較高，這表示它們比現有商品更符合消費者的個人風格與偏好，由此可看出 Kang 等人的解決方案確實有其獨到之處。

左邊 3 欄是資料集中得分最高的商品，右邊 3 欄則是生成商品中得分最高的商品。從分數來看，生成的商品更符合消費者的偏好。

Kang 等人並沒有就此滿足。除了創造新商品，他們還想知道是不是能用自己開發出的模型，針對個人風格來改良現有商品。由於時尚購物的高度主觀性，若能針對個人偏好將服裝改良到「正好是他的菜」，必能因此而創造出無限商機。接著就來看看 Kang 等人如何達成這項使命。

▌11.2.4　針對個人偏好改良現有商品

資料在映射到潛在空間後（以向量 z 表示）通常還會保有一定的意義，因此若是兩組潛在向量在數學座標上很接近（兩向量在其所屬的高維空間中的距離很近），那兩者所生成的影像應該也會有某種程度的**相似性**。Kang 等人指出，要讓生成器根據某圖片 A 變化出不同商品，首先要找到它的潛在向量 zA，然後只要將 zA 稍微往旁邊挪動一點，就能生成出與 A 稍微有點變化的圖片。

(a) 資料集中的前 3 名   (b) GAN 生成出的前 3 名

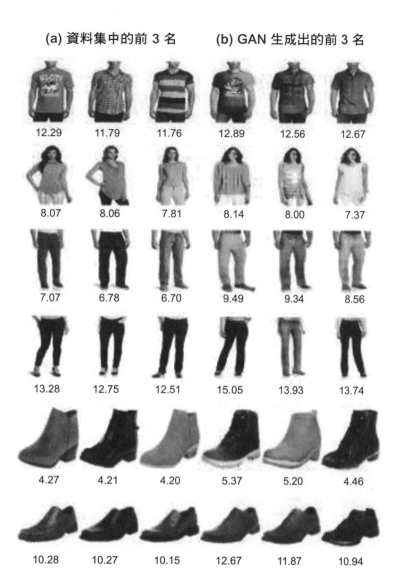

12.29	11.79	11.76	12.89	12.56	12.67
8.07	8.06	7.81	8.14	8.00	7.37
7.07	6.78	6.70	9.49	9.34	8.56
13.28	12.75	12.51	15.05	13.93	13.74
4.27	4.21	4.20	5.37	5.20	4.46
10.28	10.27	10.15	12.67	11.87	10.94

圖 11.5：Kang 人在論文中展示的成果，每個商品都附上消費者的偏好分數。每一橫行展示了某位消費者對某類商品的前 3 名偏好選擇。類別由上到下分別是男性 / 女性的上衣、長褲、鞋類。

編註： 彩色圖片可連網到本書專頁觀看（詳見本書最前面的專頁說明）。（來源：Kang et al., 2017, https://arxiv.org/abs/1711.02231。）

為了更具體地說明，來看一個實際的例子：我們最愛用的 MNIST 資料集（**編註：** 到底是有多愛啊 😊，不過它的簡單、易用、量多確實無人能及）。假設有個向量 z'，輸入到生成器後會被轉成數字「9」。若在這個 100 維的潛在空間中，有個跟 z' 很接近的向量 z"，它生成出的影像可能會稍微不同，例如有點接近數字「8」。參考一下圖 11.6，類似的圖你應該在第 2 章看過。在變分自編碼器中，中間（濃縮）層的表示法其實跟 GAN 的 z 一樣。

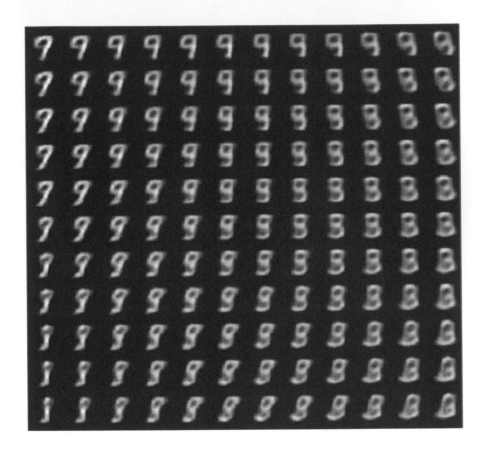

圖 11.6：將數字「9」的潛在向量稍微挪動後造成的輸出變化（此圖是由第 2 章範例生成）。向量會從一個數字逐漸演變成另外一個。比方說第一橫行，最左邊的「9」那一撇本來是從右上撇到左下，但向量越往右移動，那一撇會越來越垂直。當潛在向量移動幅度大到一定程度，原來的「9」雖然樣子沒有變很多，但已經不能說是「9」了。若是改用更複雜的資料集，一樣能觀察到這種漸進式的變化，只是表現會略有不同。

在時尚界，情況當然會有一些不同，畢竟衣服的照片比灰階數字影像複雜多了。若是將某件 T 恤的潛在向量稍微挪動，搞不好可以變出不同顏色、圖案或樣式（例如把 V 領改成圓領）的 T 恤，這得看生成器在訓練時能不能好好組織自身的編碼與重建邏輯，所以實際上行不行要試了才知道。

這就是 Kang 等人下一個必須突破的關卡。要達成上述使命，得先找到那個我們該挪動的 z（影像的潛在向量）。若是只要修改合成的圖片就簡單多了：每合成一張圖片，就把潛在向量 z 記錄下來，以供日後使用就行了。不過現在要修改的是真實圖片，整個情況會複雜許多。

真實圖片不是生成器合成的，所以沒有對應的潛在向量 z。我們只能盡可能找到一個能重現該圖片的潛在空間表示法。換句話說，我們要想辦法找到一組向量來取代 z，讓生成器能藉此合成出很類似的圖片。

Kang 等人就是這麼做的，而且跟之前一樣，是從優化的觀點來看這個問題。他們用所謂的**重建損失**（reconstruction loss，兩影像的差異；損失越大表示兩圖差異越大）充當損失函數 註15，然後用梯度下降法（將重建損失最小化）不斷迭代，即可生成出與原圖片最接近的影像。只要生成影像跟原影像夠相似（那兩者的潛在向量 z 應該也會很接近），我們就能操作它的潛在向量來增加變化。

Kang 等人所發展出的模型展現了無比潛力，不但可以在潛在空間中對生成影像動手腳，使其依照我們想修改的方向變動，還能針對特定使用者的偏好來進行優化。從圖 11.7 可以看到整個過程：每一行從左到右，襯衫和褲子都越來越符合個人喜好。

註15：同註14。

圖 11.7：用同樣的商品（男性為 polo 衫，女性為長褲）針對 6 名消費者（三男三女）做個性化改良。
（來源：Kang et al., 2017, https://arxiv.org/abs/1711.02231。）

　　最左邊的照片是訓練資料集裡的真實商品，左邊數來第二張照片則是與真實商品最接近的生成影像，它是個性化過程的起點。每張圖片都有其偏好分數，從左看到右可發現，商品逐漸朝個人喜好的方向進化。個性化過程可使商品與特定消費者的品味更匹配，逐漸提高的分數就是證據。

　　由上圖可看出，第一排客戶想要找顏色更豐富的上衣，第五排客戶喜歡顏色亮一點又帶點復古風的褲子（這是 Kang 等人觀察到的），而最後一排的客戶則比較喜歡裙子而非牛仔褲。這些改良商品完全依照客戶量身打造，難怪 Amazon 對此技術青睞有加。

11.3 結語

　　GAN 能做的應用其實更多，光是醫學和時尚方面就有一大堆應用，其他領域就更不用說了。因此我們可以非常肯定地說，GAN 已經用自己的生成能力走出學術界，並成功造就了無數的應用。

重點整理

- GAN 具有**很高的通用性**，可以輕鬆應用到 MNIST 以外的任何資料上，因此造就了不少學術界之外的應用。

- 在醫學方面，GAN 可用來**生成訓練樣本**，以幫助分類器提高分類準確率，其成效超越了標準資料擴增技巧所能達到的極限。

- 在時尚方面，GAN 可針對個人品味**建立新商品**，或是**改良現有商品**。其做法簡單來說，就是盡量提高「推薦模型對生成圖片的偏好分數」即可實現。

MEMO

chapter *12*

展望未來

在最後這一章，我們會先說明關於 GAN 的道德考量，接著介紹一些 GAN 的重要改良，它們在不久的將來應該會很火紅，甚至有可能決定 GAN 的未來走向。

此外，為了讓讀者在探索未知的 GAN 技術前先做好準備，我們還會稍微提到在撰寫本文時還未正式發表的一些新進展。最後則會做一個簡單的重點回顧，然後與讀者揮淚道別。

12.1 GAN 的道德考量

與 AI（包括 GAN）有關的道德議題逐漸受到重視，有些機構已經決定不再發佈自家研發的高成本預訓練模型，以免淪為有心人士製造假新聞的工具 [註1]。另外目前也有許多文章在討論 GAN 的濫用狀況 [註2]。

我們都清楚假新聞的危害，而 GAN 合成擬真影像的能力很有可能成為幫兇。想像一下，若有人合成出某國領袖的影片，說他們要對另一個國家發起軍事行動，就算事後可以馬上澄清，但難免還是會引起一陣不小的恐慌吧？

由於本書並不是 AI 道德的專書，限於篇幅只能概略介紹。但我們堅信這是大家都必須思考的問題：目前做的事合不合乎道德規範？是否有可能帶來違反道德的風險，甚至引發意想不到的後果？由於 AI 是一種很容易擴展新功能的技術，我們應仔細思考是否正在用它來建立更美好的世界，而不是往反方向發展。

註1： 參見："An AI That Writes Convincing Prose Risks Mass-Producing Fake News," by Will Knight, MIT Technology Review, 2019,http://mng.bz/RPGj。

註2： 參見："Inside the World of AI that Forges Beautiful Art and Terrifying Deepfakes," by Karen Hao, MIT Technology Review, 2019, http://mng.bz/2JA8。另見："AI Gets Creative Thanks to GANs Innovations," by Jakub Langr, Forbes, 2019,http://mng.bz/1w71。

建議讀者可以先思考自己的道德原則，並至少理解一種較先進的 **AI 道德規範**。我們不會討論哪種道德規範比較好（畢竟人類在道德標準上很難達到共識），但若讀者在這方面還沒準備好，建議先放下本書，至少先了解任一種道德規範後，再回來繼續閱讀。

> ★ 說明 可參考的資料包括 Google 的 AI 原則（https://ai.google/principles）、及 AI 與 ML 倫理研究所的 AI 原則（https://ethical.institute/principles.html）。另可參見 "IBM's Rometty Lays Out AI Considerations, Ethical Principles," by Larry Dignan, 2017, ZDNet, http://mng.bz/ZeZm。

接著來看一個實例，現在已經有很多人注意到 DeepFakes [註3] 這種技術（雖然它本來不是基於 GAN 的技術）。DeepFakes 是 Deep（深度學習）與 Fake（假影像）的合成詞，由於它能夠偽造假的政要影片及非自願情色影片（編註：例如 AI 換臉，也就是更換影片中的人臉）而倍受爭議。這類技術可以合成出一般人看不出破綻的假影片或假照片，而 GAN 因為具有強大的影像合成能力，所以直接助長了這類技術的發展。

光是以上 3 種爭議的內容（假新聞、政治性聲明、與非自願色情影片）就夠讓人頭皮發麻了，所以 AI 道德已經是我們不得不面對的問題。其他大大小小的問題也很多，例如 Amazon 的「人員招聘 AI 程式」會對女性有明顯偏見 [註4]。這些問題的因果關係錯綜複雜，而且有好有壞，例如有些人認為 GAN 在人像生成方面會比較偏重女性，另外也有人說 GAN 可以加強 AI 的公平性，例如用半監督式 GAN 來合成較少見（少數族群）的人臉做為訓練資料，進而針對少數族群提昇臉部識別的分類品質。

註3： 參見："The Liar's Dividend, and Other Challenges of Deep-Fake News," by Paul Chadwick, The Guardian, 2018, http://mng.bz/6wN5。參見："If You Thought Fake News Was a Problem, Wait for DeepFakes," by Roula Khalaf, 2018, Financial Times, http://mng.bz/PO8Y。

註4： 參見："Amazon Scraps Secret AI Recruiting Tool That Showed Bias Against Women," by Jeffrey Dastin, 2018, Reuters, http://mng.bz/Jz8K。

雖然本書希望大家都能體會 GAN 的無限可能（不論是正面或負面），不管是目前進行中的研究，還是未來可能的學術創新或實際應用，都能讓我們熱血沸騰，但我們也知道某些技術可能會被有心人士濫用，而且這些技術一旦被發表出來，就無法再吞回肚子裡了，所以我們也希望大家對這些技術的負面能力有所警覺。這裡並不是說沒有 GAN 的世界會更好，但 GAN 不過就是一種工具，而任何工具都有可能被濫用！這是無法改變的事實。

在道義上我們有必要清楚說明 GAN 的危險與威脅，不然它會更容易被人濫用。儘管本書不是針對一般大眾所寫，但我們希望這問題能受到更多人的關注（至少要能突破 GAN 的學術同溫層）。同樣的，我們也持續進行許多大眾宣導，希望能吸引更多人探索與討論這個議題。

隨著 GAN 技術的普及，大眾逐漸對目前出現的濫用狀況見怪不怪了。雖然我們希望 GAN 永遠不會成為負面的工具，但也不會因噎廢食，我們仍然樂見所有的人來學 GAN，希望它的大門不只為學者或研究人員而開，也希望能為藝術、科學或工程帶來貢獻（以它到目前為止表現，應該算是做到了）。

此外，也有人嘗試把 GAN 與**對抗性樣本**結合，以檢測出 DeepFake 偽造的樣本；但我們無論如何都得謹慎，因為不管發展出多準確的檢測器，都仍有可能被隨後出現、更逼真的假資料所矇騙。

我們誠摯歡迎讀者上我們的書籍論壇或 Twitter 來一起討論，道德規範必須經得起各種不同觀點的考驗，這一點我們很清楚。另外有些人（例如 a16z 的 Benedict Evans）認為，花時間討論 AI 的道德規範，並不會比討論資料庫的道德規範更有意義，因為問題不在於技術本身，而在於使用它的人（ 編註： 因此很難用道德規範來約束）。這個觀點也很值得我們深思。

12.2 GAN 的最新改良

GAN 一直都在持續進化中，本節我們就來介紹一些還在發展中的 GAN，它們不像前幾章提到的模型那麼成熟，但前景看好。我們本著實用的精神，挑選了 3 項創新又有趣的 GAN：**RGAN**（相對 GAN）、**SAGAN**（自我注意 GAN ）、以及 **BigGAN**。它們都具有高度的實用性，底下就來介紹。

12.2.1 RGAN（相對 GAN）

我們很少在論文中看到像 RGAN（Relativistic GAN，相對 GAN）這樣，對現有 GAN 的改良方式能如此簡潔而優雅，其威力又強大到足以擊敗許多主流的演算法。

RGAN 的中心思想是，在一般 GAN（特別是指第 5 章提到的 NS-GAN 及 WGAN）的生成器演算法中增加一個額外的計算項，迫使其訓練目標改變為：**要生成比真實資料還逼真的樣本！**（**編註：** 就是讓假資料比真資料更常被鑑別器判定為真。）

換句話說，生成器的目標不但要讓假資料看起來更逼真，還必須讓真資料相形失色，這樣可以提高訓練的穩定性（**編註：** 就像二方對戰，假資料原本只要跟真資料打成平手就好，但現在還要贏過真資料越多越好，於是生成器只好更加拼命，而且就算已經打平了也不會鬆懈）。當然，由於生成器只能管到自己生成的資料，所以也只能「相對地」往此目標邁進（**編註：** 就是努力讓假資料贏過真資料，但鑑別器也不是省油的燈，這目標很難真的達成）。

RGAN 的作者把它形容成是 WGAN 的通用版，底下我們就先列出表 5.1（第 5 章）的 WGAN 簡化版損失函數：

$$L_D = E[D(x)] - E[D(G(z))] \qquad (公式\ 12.1)$$

$$L_G = E[D(G(z))] \qquad (公式\ 12.2)$$

公式 12.1 是鑑別器的損失函數，其實就是真實資料（D(x)）與生成資料（D(G(z))）的差異。公式 12.2 則是生成器的損失函數，目標是盡可能用生成樣本騙過鑑別器。

WGAN 會試圖花最小的力氣來移動機率質量，使生成分佈與真實分佈能更接近。RGAN 在這方面其實跟它差不多，都是用一個數字（推土機距離）來衡量當前的賽局狀態。

而 RGAN 的創新之處，是在於讓生成器嘗試生成看起來比真資料更真實的假資料（**編註：**就是改變生成器的目標，不再只是讓鑑別器「將假資料信以為真」就好，而是要讓鑑別器「將假資料判定為真的機率高過真資料」）。若從這個角度來看，上面公式中的 D( ) 可解釋為「**實際樣本比生成樣本更真實的機率**」，而生成器必須努力降底這個機率。

在進一步探討 RGAN 之前，我們先將公式稍微用不同的表示法改寫，這個表示法其實跟論文用的差不多，但有簡化過。公式 12.3 與 12.4 中的 C(x) 跟 WGAN 裡的評論員差不多 [註5]，讀者可以把它想成是鑑別器，然後 a( ) 是 log(sigmoid( )) 函數。在原論文中的假樣本是以 x_f 表示而非 G(z)，真樣本則是以 x_r 表示，不過這裡我們並未採用，而是沿用前面幾章的數學表示法：

$$L_D = E[a(C(x)] - C(G(z)))] \qquad （公式 12.3）$$

$$L_G = E[a(C(G(z)) - C(x))] \qquad （公式 12.4）$$

生成器的公式有了重大改變：損失函數會因**真實資料的相對表現**（**編註：**是指公式 12.4 的 C(x) 項）而變化，生成器因為這個簡單的更動不再處於劣勢。要了解這兩種設定的不同，只要把鑑別器輸出的值畫出來比一比就知道了，見圖 12.1。

註5：由於我們略過了一些細節，所以這裡沿用 WGAN 的評論員一詞，來表示類似的概念，有興趣的讀者可自行查閱相關論文。

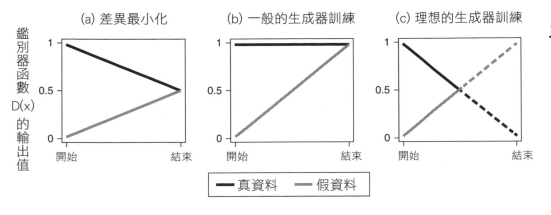

圖 12.1：(a) 為了將差距最小化，生成器只能苦苦追趕鑑別器（但差異一直都會大於 0）。(b) 是 NS-GAN「正常運作」時的訓練過程，生成器同樣不可能超前。(c) 裡的生成器則有可能勝過鑑別器，不過這裡的重點是不管處於哪種訓練階段，生成器都有特定的目標要努力達成（因此梯度可以不斷下降）。

（來源："The Relativistic Discriminator: A Key Element Missing from Standard GAN," by Alexia Jolicoeur-Martineau, 2018, http://arxiv.org/abs/1807.00734。）

　　你也許在想，不過只多了一項，哪裡會有多大的進展？其實它的重點在於，這個添加項會使訓練過程穩定很多，但額外增加的運算成本卻很少。運算成本可是非常重要的考量，論文《Are GANs Created Equal？》（第 5 章內容有引用這篇）的作者認為，目前新研發出的 GAN 其實進步都不大，因為許多新 GAN 都是靠增加大量運算成本才得以成功，所以實際的用處並不大。但 RGAN 增加的運算成本很少，因此擁有全面進化 GAN 架構的潛力。

　　請特別注意，「增加大量運算成本」會嚴重影響 GAN 的效能評估，大部分研討會議的**同儕審查**（peer review）都很看重這方面，所以最好將這個重點謹記於心。

應用

接下來的問題應該是，RGAN 有什麼實用的價值？這篇論文在不到一年的時間內，就被引用超過 50 次 [註6]（對於一個名不見經傳的作者來說，這樣算很強了）。此外，已經有許多人陸續發表了一些基於 RGAN 的技術，像是最尖端的**語音增強技術**（speech enhancement），其性能已經打敗了其他的 GAN 及非 GAN 工具 [註7]。

在閱讀本文時，這篇論文應該已經正式公開了，可以隨時上去觀看（ 編註：讀者可上 RGAN 作者的 Github 觀看最新進展：https://github.com/AlexiaJM/RelativisticGAN，其中也包括了原始論文的連結網址）。不過本書無法完整解釋這篇論文的所有內容，實在超出範圍太多了。

▌12.2.2 SAGAN（自我注意 GAN）

SAGAN（Self-Attention GAN，自我注意 GAN）也很有可能是下一個改變大局的進化。「注意」是一種非常符合人性的想法，就是我們通常「**一次只關注一小部份**」（整體中的一個小區域）。SAGAN 的注意力也是以類似的方式工作，以觀察桌子為例：注意力每次只專注觀察桌子的一小部分，然後藉由「掃視」（迅捷地移動目光）把整個桌子的樣貌拼湊出來。

類似的概念其實在很多領域都能看到，像是自然語言處理（natural language processing，NLP）和電腦視覺等。利用這種「注意」的概念，可以幫我們解決很多問題，像是避免圖片通過 CNN 時所發生的失真問題。眾所周知，CNN 的濾鏡視野一般來說都不大（跟卷積大小有關），但視野太小的話，可能會讓 GAN 生成出奇怪的東西（例如第 5 章提到的「多個頭的牛」），並對這種錯誤渾然不覺。

註6：這個連結列出了所有引用 RGAN 論文的文獻：http://mng.bz/omGj。

註7：參見："SERGAN: Speech Enhancement Using Relativistic Generative Adversarial Networks with Gradient Penalty," by Deepak Baby and Sarah Verhulst, 2019, IEEE-ICASSP, https://ieeexplore.ieee.org/document/ 8683799。The Mind Is Flat: The Illusion of Mental Depth and the Improvised Mind by Nick Chater (Penguin, 2018)。

這是因為在生成或是分析影像的不同區域時，有些濾鏡看到某條腿，但有些沒看到，然後也許是某些物體的結構在卷積後失真了，或是那條腿被某些濾鏡看成了別的東西，而濾鏡之間又無法互相溝通，所以會輸出許多奇怪的結果。記得深度學習之父 Hinton 先生曾經想用他的 CapsuleNets 來解決這個問題，可惜並未成功。

雖然目前沒人能明確解釋為何「注意」可以解決這個問題，但或許我們可以從另一個角度來想：乾脆讓擷取特徵的濾鏡能**視情況調整視野的大小及形狀**，以便準確收集圖片的關鍵特徵（參見圖 12.2）。

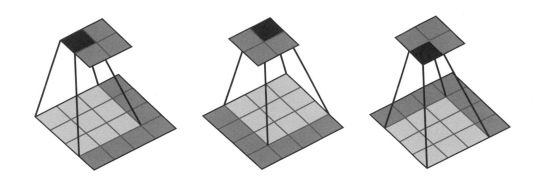

圖 **12.2**：傳統濾鏡每次只會觀看固定大小的區域，然後輸出 2×2 的像素，其他資訊都當做沒看見（ 編註： 例如關鍵特徵的大小及形狀等都沒被注意到）。而「注意」機制可以解決這個問題。（來源："Convolution Arithmetic" by vdmoulin, 2016, https://github.com/vdumoulin/conv_arithmetic。）

例如當我們處理 512×512 的影像，並將卷積濾鏡寬度設成 7 時，就可能忽略掉圖片中較大的特徵，像是「牛頭應該要接在脖子的上方」。因此模型會認為只要把牛的頭跟身體接在一起就好了，至於牛有幾顆頭、或是頭的位置等都不重要，反正只要有一顆以上就能交差。最後導致圖片發生結構上的錯誤。

許多圖形呈現的問題其實很難用邏輯來推理，因此就連研究人員也不清楚為何會發生這種情況。而「注意」則可**動態選擇特定區域**來關注（無論形狀或大小），然後將之視為特徵進行學習。如果想看看「注意」如何靈活調整所要觀察的區域，可參考圖 12.3。

圖 **12.3**：注意機制可針對我們指定的觀察目標，自行調整要觀察區域的形狀與大小。你可看到每個關注區域的形狀和大小都不同，這是好現象，因為我們就是希望它能針對要觀察的特徵來選取適合的區域。（來源："Self-Attention Generative Adversarial Networks," by Han Zhang, 2018, http://arxiv.org/abs/1805.08318。）

編註： 彩色圖片可連網到本書專頁觀看（詳見本書最前面的專頁說明）。

應用

SAGAN 最有名的應用程式是 Jason Antic 寫的 **DeOldify** (https://github.com/jantic/DeOldify)，他是 Jeremy Howard 的 fast.ai 課程所訓練出來的學生。DeOldify 利用 SAGAN 為老舊照片與素描畫作上色，其成效相當驚人。有了它，你就可將黑白照片或單色圖畫轉成彩色版本，如圖 12.4 所示。

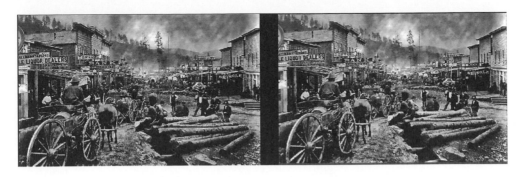

圖 **12.4**：Deadwood, South Dakota, 1877。右邊是上色後的
結果（雖然本書只有黑與白），請姑且相信我們吧。若是
不信，可上 Manning 的線上 liveBook 親眼看看！
編註： 彩色圖片可連網到本書專頁觀看。

12.2.3 BigGAN

另一個席捲全球的架構是 **BigGAN** [8]。它在剛發表時，就一舉突破了當
時最頂尖 GAN 模型的極限，能夠生成 ImageNet 所有 1000 種類別的高畫質
影像（512 × 512），並成功將 GAN 所能達到的起始分數提高了 3 倍。

簡單來說，BigGAN 的特色除了採用 **SAGAN** 與**頻譜正規化**（spectral
normalization，**編註：** 參見 12.3 節）外，還有以下 5 大進化：

1 將 GAN 擴展到以前難以達到的運算規模。BigGAN 的作者將**批次量增
加**到原來的 8 倍，使整體性能提高了 46%（這是 BigGAN 的最大成就之
一）。理論上，要訓練這樣的 BigGAN 通常得花上 $59,000 美元的運算
成本 [9]。

2 BigGAN 架構在每一層的**特徵圖數量**（通道數）是 SAGAN 的 1.5 倍。
這可能是因為所使用的訓練資料較為複雜。

註8：參見："Large Scale GAN Training for High Fidelity Natural Image Synthesis" by Andrew Brock et al.,
2019, https://arxiv.org/pdf/1809.11096.pdf。

註9：參見：Mario Klingemann's Twitter post at http://mng.bz/wll2。

3 BigGAN 藉由**控制對抗過程**來提高生成器和鑑別器的穩定性，進而獲得更好的成果。不過背後的數學遠遠超出本書範圍，讀者若有興趣，可先從了解頻譜正規化開始，若沒興趣也無妨，作者自己也在訓練後期放棄了這個技術（因為運算成本過高）。

4 採用一種「**截取**」（truncation）技巧，可以在**多樣性**與**真實性**之間做取捨。經測試發現，若直接從分佈的中間位置截取，則可在多樣性與真實性之間取得平衡，以生成出最好的結果。這很合理，因為最容易模仿的樣本，當然是「最常見」（出現機率最高）的那種。

5 作者還使用了另外 3 種技巧，不過根據作者自己所列的績效表，它們對分數的影響很有限，而且也常導致穩定性降低。所以雖然它們可以提昇運算效率，但我們就不著墨這部份了。

應用

BigGAN 有一個神奇的藝術應用：Ganbreeder app（**編註：** 此網站已改名為 **Artbreeder**，https://artbreeder.com），這個預先訓練的模型可說是 Joel Simon 的心血結晶。Ganbreeder 是一種可探索 BigGAN 潛在空間的互動式 Web（免錢喔！），已被眾多藝術家用來合成新影像。

在這個網站中你可以自由探索相鄰的潛在空間，或是在兩個不同影像間做插值，來創造全新的影像。Ganbreeder 產生的樣本可參考圖 12.5。

BigGAN 還有一點很棒，就是 DeepMind 網站為它免費提供了所需的運算能力，並將預訓練好的模型放在 TensorFlow Hub（我們在第 6 章有介紹過這個機器學習的程式碼儲存庫）中，以方便我們學習或使用。

gans-in-action in a few seconds

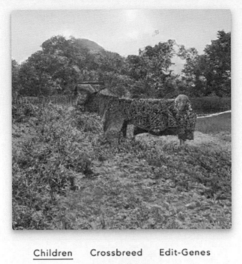

Children   Crossbreed   Edit-Genes

Make Children

< Similar   Different >

圖 12.5：只要按一下《Make Children》按鈕，Ganbreeder 就會從最上圖所對應的潛在空間附近挑出一批向量，然後生成 3 張近似的圖片。你可以用自己或其他人的樣本來試試看。至於《Crossbreed》的功能，可讓你再加入另一張照片，然後將兩張照片混合。至於最後的《Edit-Genes》，則可讓你調整影像中的特徵比例（例如本例中的城堡（Castle）和石牆（Stone Wall））。（來源：Ganbreeder, http://mng.bz/nv28。）

編註：此網站已改名為 **Artbreeder**（https://artbreeder.com），功能也變得更為豐富。按首頁中的 **Start** 鈕並登入帳號（可使用 Google 帳號登入），即可進行如書中所介紹的各種操作。

12.3 更多潛力 GAN 的參考資料

我們其實還想介紹更多學術界和業界即將流行的技術，無奈篇幅有限。這裡再列出另外 3 種技術給有興趣的讀者，相信讀者應能順利使用本書所學到的相關知識來理解它們。由於這個領域實在變化太快，我們只選了 3 種最有潛力的技術：

- **Style GAN**（http://arxiv.org/abs/1812.04948）結合了 GAN 與傳統的樣式轉換，讓我們更容易掌握生成的結果。這個由 NVIDIA 開發的條件式 GAN，可藉由多種控制選項（從重視細節到偏重整體）來生成所需的超高畫質影像。整個基礎知識其實在第 6 章已經講得很清楚，讀者在閱讀這篇論文前或可先回頭複習一下。

- **頻譜正規化**（Spectral normalization，http://arxiv.org/abs/1802.05957）是一種複雜的正規化技術，需要用到高級線性代數。現在只需要記住它的功用：藉由正規化神經網路的權重來滿足特定屬性，進而穩定訓練，這正是 WGAN（見第 5 章）的基本精神。頻譜正規化在某些方面跟梯度懲罰很像。

- **SPADE**（又名 **GauGAN**，https://arxiv.org/pdf/1903.07291.pdf）是 2019 年發布的先進模型，它可將簡單的示意圖像轉變成高畫質的寫實圖像，有關圖像轉譯的功能可以回顧一下第 9 章。

以上應該是目前最具挑戰性的 3 種技術了，同時也是媒體最關注的焦點——可能是因為它們展示的結果實在太神奇了！

GAN 的世界每天都在變，所以我們不可能完全跟上腳步。但本章希望至少能提供一些關於道德規範與最新技術的相關資源，以便讀者在看完本書之後，還能繼續研究這個不斷進化的尖端技術。

12.4 本書的回顧與結語

雖然本書即將畫下句點，但希望本書的內容能幫助讀者繼續在 GAN 的世界中遨遊。在道別之前，我們再來回顧一下讀者在這裡所學到的相關知識。

我們從 GAN 的基本原理開始介紹（第 1 章），並實地寫了一個簡單的 GAN 程式（第 3 章）；另外還用 Autoencoder（及 VAE）這個簡單的架構來介紹 GAN 以外的生成模型（第 2 章），同時也解釋了 GAN 背後的各種理論支持（第 3 章與第 5 章）、可能遇到的各種問題、以及如何克服這些問題（第 5 章）。這些章節為後面的進階教學提供了必要的基礎知識與工具。

接著我們實作了兩種最經典也最具影響力的 GAN 變體：DCGAN（第 4 章）、CGAN（第 8 章），以及兩種最先進也最複雜的變體：PGGAN（第 6 章）、CycleGAN（第 9 章）；另外還實作了 SGAN 這種能跨過機器學習關鍵障礙（缺乏大量的標記資料）的 GAN 變體（第 7 章）。最後二章則探索了幾個 GAN 的創新應用（第 11 章），並介紹所有機器學習都可能遇到的威脅：**對抗性樣本**（第 10 章）。

我們這一路走來，也接觸了各種重要的理論與實作工具，包括**起始分數 IS** 與 **Frchet 初始距離 FID**（第 5 章）、**逐像素特徵正規化**（第 6 章）、**批次正規化**（第 4 章）、**丟棄法**（第 7 章）等，這些概念與技巧不管是在 GAN 或其他地方都會使用到。

此外，GAN 還有 2 個重要的特點非常值得一提：

1 **GAN 具有高度的通用性**。無論是不同用途還是不同的新技術研究，它都能應付自如。最明顯的例子應該是第 9 章的 CycleGAN，這項技術非但不會像傳統技術那樣受限於「成對的資料」，還可以將樣本圖片轉譯成任何的風格，像是將蘋果轉成柳丁、或將馬變成斑馬。GAN 的通用性在第 6 章也表露無遺，PGGAN 可經由訓練生成人臉或醫學 X 光片這兩種截然不同的影像。另外，第 7 章的 SGAN 只要稍微修改程式，便能將鑑別器改成多元分類器。

2 **GAN 不但是一門科學，也是一門藝術**。GAN（其實整個深度學習都是）的美麗與詛咒在於：我們對她的了解還遠遠不及她令人驚艷的完美表現。雖然 GAN 到處都很管用，但大多都是實驗出來的，其背後的數學理論則尚無定論。這使得 GAN 在訓練中容易掉進模式崩潰等陷阱中，這些在第 5 章都已討論過了。還好研究人員發現了許多技巧與訣竅，大大地降低了訓練的困難度：包括資料預處理、優化器與激活函數的選擇等，這些技巧都可在本書的解說及範例程式中學到。從本章所介紹的各種最新 GAN 變體可知，改善 GAN 的技術仍在不斷發展中，而且一定會越來越好。

GAN 除了訓練上的困難之外，還必須注意即使是像 GAN 這樣強大和通用的技術，也具有其他重要的限制。雖然 GAN 已被譽為是「賦予機器創造力」的技術，並在短短幾年內成為合成偽造資料的首選技術，但是它們仍然**比不上人類的創造力**。

正如我們在書中不斷強調的，GAN 幾乎可以從任何現有的資料集中學習，並模仿出幾可亂真的假樣本。但本質上，GAN 生成的東西跟訓練資料不會差太多。例如我們用古典藝術作品來訓練 GAN，那麼生成的樣本就會比較接近米開朗基羅風格，而不是 Jackson Pollock 風格。除非有新的 AI 技術能賦與機器真正的自主能力，不然 GAN 還是得靠研究人員（人類）來指導它最終要生成的資料是長什麼樣子。

未來讀者在研究 GAN 或使用相關應用程式時，請牢記本書所介紹的各種技術、技巧與訣竅，另外也請別忘了本章所提到的道德考量。最後，祝你未來在精彩的 GAN 旅途中一切順利！

—Jakub 與 Vladimir 敬上

重點整理

- 本章介紹了 AI 與 GAN 的**道德**議題，並討論了道德規範，這個議題尚需我們進一步的了解與開放討論。

- 我們提供了幾個未來可能會帶動 GAN 發展的新技術，並解釋其背後的原理：

  » RGAN（相對 GAN）：讓生成器能考慮到真實資料與合成資料之間的相對真實性。

  » SAGAN（自我注意 GAN）：使用與人類感知相似的「注意」機制。

  » BigGAN：能生成 ImageNet 中所有 1000 種類別的資料，生成的畫質也相當高。

- 請記得 GAN 的 2 大特點：(1) **高通用性**。(2) **實效重於理論**，因為 GAN 不但是一門科學，更是一門藝術（**編註：**所以我們要善用書中學到的各種技巧，勇於創新與實驗，無論是否有足夠的數學理論支持）。

恭喜您順利讀完本書，小編在此也要說再見了，並祝您今後在學習及工作上都能一帆風順、心想事成！

MEMO